Victor Soshko
Alexander Soshko

Tratamento termomecânico de metais

Victor Soshko
Alexander Soshko

Tratamento termomecânico de metais

parte 2

ScienciaScripts

Imprint
Any brand names and product names mentioned in this book are subject to trademark, brand or patent protection and are trademarks or registered trademarks of their respective holders. The use of brand names, product names, common names, trade names, product descriptions etc. even without a particular marking in this work is in no way to be construed to mean that such names may be regarded as unrestricted in respect of trademark and brand protection legislation and could thus be used by anyone.

Cover image: www.ingimage.com

This book is a translation from the original published under ISBN 978-3-659-52886-6.

Publisher:
Sciencia Scripts
is a trademark of
Dodo Books Indian Ocean Ltd. and OmniScriptum S.R.L publishing group

120 High Road, East Finchley, London, N2 9ED, United Kingdom
Str. Armeneasca 28/1, office 1, Chisinau MD-2012, Republic of Moldova, Europe
Printed at: see last page
ISBN: 978-620-7-90813-4

Índice

Capítulo I

Cinética e mecanismo de transformação em plasma de hidrogénio do líquido tensioativo na zona de corte

1.1 Transformações pirolíticas do aditivo polimérico COTS na zona de corte

Sabe-se que as transformações físico-químicas do aditivo polimérico ocorrem sob a influência de um complexo complexo de fenômenos e processos físico-químicos observados na zona de corte: altas temperaturas e cargas de contato, superfície cataliticamente ativa, emissão no momento da nova formação de superfície de elétrons com a intensidade de 5000-6000 imp / min, ocorrência de termo-EMF entre a ferramenta e a peça de trabalho, etc. Todos esses fenômenos podem influenciar as transformações físico-químicas do aditivo polimérico. Todos estes fenómenos não podem deixar de influenciar as transformações físico-químicas do componente polimérico do COTC. A sua intensidade depende do tipo de maquinagem (corte, furação, retificação, brochagem, etc.), uma vez que criam principalmente determinadas condições cinéticas e energéticas de deformação na zona de contacto peça-ferramenta-ferramenta. Assim, por exemplo, na estampagem, o tempo de contacto do punção com o metal deformado é de apenas $10\text{-}2 - 10\text{-}5$ s, e a pressão específica atinge 2000-2500 MPa; no torneamento, a velocidade média de deformação do metal na zona de corte excede em 5-7 ordens de grandeza a velocidade de deformação sob tensão ou compressão estática e em uma ordem - sob carga de choque, e a temperatura na zona de deformação atinge 0,2 - 0,6 do ponto de fusão do metal.

Para estudar as alterações das propriedades dos SOTS no processo de tratamento mecanoquímico, foram efectuadas perfurações no aço. Em determinados intervalos de tempo, o polímero (PVC), que é o principal componente do MRC, foi recolhido e o seu peso molecular foi medido. Os dados obtidos mostram que o peso molecular (PVC) no decurso da operação de CRM diminui constantemente (Fig.1.1.). Estes dados constituem uma prova indireta da destruição térmica do componente polimérico do MRC na zona de corte, com formação e acumulação de fragmentos activos de macrocadeias quebradas (com menor peso molecular) e produtos de baixo peso molecular. Estudos realizados em diferentes aços (9XC, aço 45, X18H9T) tratados termicamente para diferentes durezas (HRC 28...32, HRC 42...46, HRC 58...61) mostraram que a curva que caracteriza a função de redução do peso molecular do polímero, que é uma parte do COTC, da profundidade de perfuração, muda insignificantemente dependendo da composição química, dureza do material processado e ferramenta de processamento e praticamente coincide com os resultados apresentados na Fig.1.1.

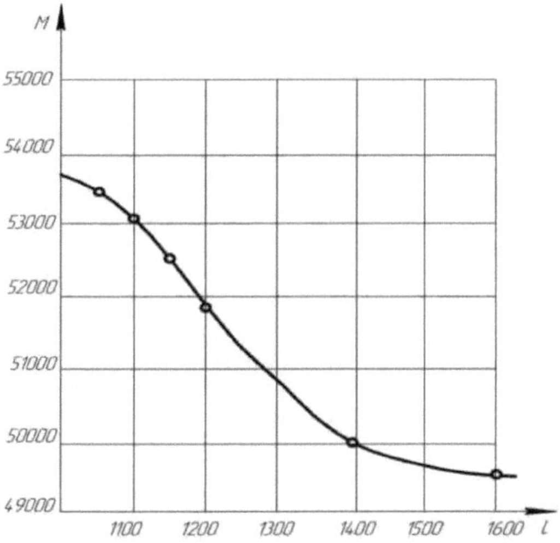

Fig.1.1 Variação do peso molecular do PVC no SOTS (M) em função da profundidade de perfuração (L) do aço 9XC (HRC 42... .46; n=720 rpm, S= 0,2 mm/rev, broca P6M5 0,3 mm).

Foram analisados os produtos formados como resultado das transformações químicas da macro-cadeia polimérica durante o processamento mecânico. Note-se que para o PVC, como polímero único, estes resultados são conhecidos. No entanto, no nosso caso (o polímero na composição do SOTS encontra-se num líquido com várias dezenas de componentes nele dissolvidos ou emulsionados, elevada taxa de aumento de temperatura na zona de corte, superfície maquinada cataliticamente ativa, etc.) as alterações na macro-cadeia polimérica podem ser diferentes. Neste contexto, a análise dos produtos voláteis resultantes da pirólise do PVC e do resíduo sólido foi realizada em condições-modelo, quando a pirólise teve lugar num forno e os elementos químicos formados estiveram em contacto com uma célula feita de diferentes aços.

As experiências demonstraram que a decomposição térmica do PVC durante o aquecimento numa vasta gama de temperaturas (até 800°C), independentemente do tipo de material da célula (ferro ou aço), se processa em duas fases (Fig.1.2).

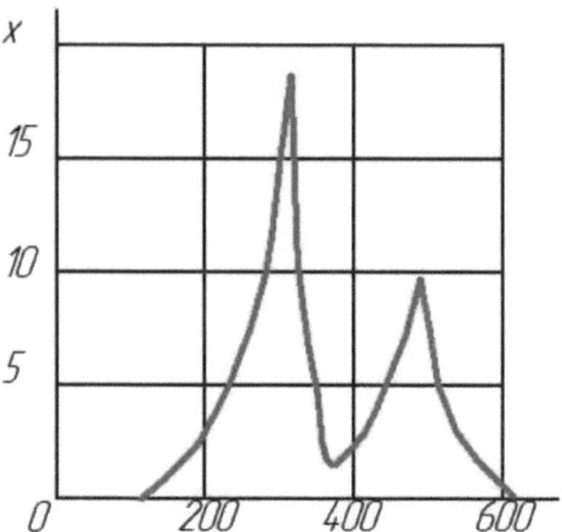

Figura 1.2. Curva de rendimento diferencial de produtos voláteis ($\Delta V/\Delta \tau$) durante a pirólise do PVC (taxa de aquecimento de 200° por minuto).

Isto é indicado pelo aparecimento de dois máximos distintos a 220-230°C e 450-470°C na curva de rendimento diferencial dos produtos voláteis. A análise cromatográfica mostrou (Quadro 1.1.) que a primeira fase corresponde ao processo de desidrocloração intensiva do polímero (quase todo o cloreto de hidrogénio é destacado).

4

$$\ldots - CH - CH - CH - CH - \ldots \rightarrow HCl$$

$$
\begin{array}{cccc}
| & | & | & | \\
H & CL & H & Cl
\end{array}
$$

$$\ldots - CH = CH - CH - CH - \ldots \rightarrow HCl$$

$$
\begin{array}{cc}
| & | \\
H & Cl
\end{array}
$$

$$\ldots - CH = CH - CH = CH - CH - CH - \ldots.$$

$$
\begin{array}{cc}
| & | \\
H & Cl
\end{array}
$$

Quadro 1.1.

Produtos de pirólise do policloreto de vinilo em condições de aumento contínuo da temperatura (200°C por minuto).

Temperatura de pirólise °C	Produtos de pirólise	Número de moléculas %
220-230	Cloreto de hidrogénio	99,5
	Benzeno	0,2
	Outros hidrocarbonetos	0,3
450-470	Eten	16,6
	Etano	7,6
	Propano	4,7
	Butão	1,6
	Hidrogénio	0,2
	Metano	0,1
	Outros hidrocarbonetos	69,2

Esta reação é precedida pelo desprendimento de um átomo de hidrogénio

$$\ldots - CH - CH - CH - CH - CH - \ldots \rightarrow \dot{H} -$$

$$
\begin{array}{ccccc}
| & | & | & | & | \\
H & Cl & H & Cl & H
\end{array}
$$

e a formação de um radical

$$... - \overset{\bullet}{C}H - CH - CH - CH - CH - ...$$
$$\qquad\qquad |\qquad |\qquad |\qquad |$$
$$\qquad\qquad Cl\qquad H\qquad Cl\qquad H$$

bem como a separação do átomo de cloro

$$... - CH - CH - CH - CH - CH - ... \overset{\bullet}{C}l$$
$$\qquad |\qquad |\qquad |\qquad |$$
$$\qquad Cl\qquad H\qquad Cl\qquad H$$

e a formação de um radical

$$... - \overset{\bullet}{C}H = CH - CH - CH - CH - ...$$
$$\qquad\qquad\quad |\qquad |\qquad |$$
$$\qquad\qquad\quad H\qquad Cl\qquad H$$

seguida da formação de uma ligação dupla conjugada

$$... - CH = CH - CH - CH - CH - ...$$
$$\qquad\qquad\quad |\qquad |\qquad |$$
$$\qquad\qquad\quad H\qquad Cl\qquad H$$

A segunda fase (Fig.1.2.) é causada pela degradação dos produtos poliméricos formados que contêm blocos com ligações duplas conjugadas nas macromoléculas e, a temperaturas superiores a 400°C, ocorre a carbonização, levando à formação de carbono livre [1]. Consequentemente, durante a decomposição térmica do PVC, à medida que a decomposição do polímero se aprofunda e as cargas de temperatura aumentam, o mecanismo do processo bruto torna-se muito mais complicado. A decomposição do PVC é observada já a baixas temperaturas e, em condições de aumento contínuo da temperatura, o processo de desidrocloração fica concluído a cerca de 250°C. Acima dos 400°C, a degradação do polímero prossegue com o resíduo de polímero pré-desidroclorado e corresponde à pirólise dos hidrocarbonetos, o que leva à formação de uma mistura de produtos gasosos altamente activos de hidrocarbonetos saturados e supersaturados, hidrogénio, hidrocarbonetos líquidos (Tabela 1.1.) e resíduos carbonosos com elevado teor de carbono. É de notar que no processo de maquinagem com a utilização de refrigerantes contendo polímeros, os resíduos de carbono acumulam-se sempre nas arestas de corte da ferramenta.

Há razões para acreditar [2] que o mecanismo e a cinética da degradação térmica do componente polimérico da composição modelo do MRC corresponde em grande parte (pelo menos qualitativamente) ao mecanismo das transformações químicas do componente polimérico do MRC em condições de processamento mecânico de metais. Isto significa que, quando o MRC à base de polímeros entra na zona de corte sob a ação de temperaturas elevadas, o componente polimérico é degradado com a formação de produtos gasosos, líquidos e sólidos, que provocam um aumento significativo da eficiência do MRC em comparação com o MRC apenas com componentes de baixo peso molecular.

Ao comparar a diferença de comportamento na zona de tratamento mecânico dos compostos de elevado peso molecular e dos hidrocarbonetos de baixo peso molecular, que constituem a base dos fluidos de arrefecimento de base, podem distinguir-se pelo menos duas características. Em primeiro lugar, os hidrocarbonetos de baixo peso molecular, que são normalmente incluídos na composição dos refrigerantes de base, praticamente não sofrem decomposição até uma temperatura de cerca de 190°C [2-4] num volume não fechado e à pressão normal. Por conseguinte, a pirólise dos componentes de baixo peso molecular dos MRC não pode ter lugar na zona de maquinagem, pelo que não existem elementos químicos activos na zona de maquinagem que afectem a maquinabilidade do metal.

No entanto, uma resposta definitiva a esta questão só pode ser dada quando os estudos são realizados diretamente na zona de tratamento. Realizámos esses estudos numa câmara hermética especialmente construída para o efeito e os resultados são discutidos nas secções seguintes. Aqui deve ser notado que, tendo em conta a natureza extrema do processo, é possível assumir a presença de produtos activos na zona de tratamento, mas a sua concentração será extremamente insignificante [5].

Assumindo esta possibilidade, notamos que tais reacções para polímeros, em contraste com hidrocarbonetos de baixo peso molecular, seguem um mecanismo de cadeia[5, 6]. Por conseguinte, a taxa de formação e acumulação de produtos activos na zona de corte para o primeiro caso é muito mais elevada do que para o segundo caso.

Assim, a principal diferença entre o comportamento na zona de tratamento mecânico de SOTS à base de compostos de elevado peso molecular e SOTS à base de meios de baixo peso molecular é que no primeiro caso a temperaturas muito mais baixas ocorre a destruição da macro-cadeia polimérica com libertação de hidrogénio na forma ativa e outros vários meios gasosos de elevada atividade e concentração. A reação de destruição termomecânica do aditivo polimérico COTC ocorre em alta velocidade e tem um caráter "explosivo", enquanto no caso de hidrocarbonetos de baixo peso molecular sua decomposição, se ocorrer, ocorre a temperaturas muito mais altas. Provavelmente, é essa diferença que causa uma mudança significativa no mecanismo de influência do COTS baseado em polímero em comparação com as composições convencionais.

É de notar que o mecanismo de despolimerização da macro-cadeia do polímero de PVC a temperaturas relativamente baixas é também inerente a outros polímeros. Assim, por exemplo, ao tornear aço e um meio modelo à base de polimetacrilato de metilo (PMMA), observa-se uma diminuição contínua do peso molecular do polímero (Fig. 1.3.). Além disso, a intensidade da diminuição do peso molecular é maior no início da experiência, o que caracteriza a elevada sensibilidade do componente polimérico às alterações de temperatura. Resultados semelhantes foram obtidos ao se medir a intensidade integral relativa dos sinais de RMN do grupo polimetilmetacrilato no processo de torneamento (Fig. 1.4), estes dados nos permitem acreditar que vários compostos de alto peso molecular podem ser utilizados como aditivos em SOTS.

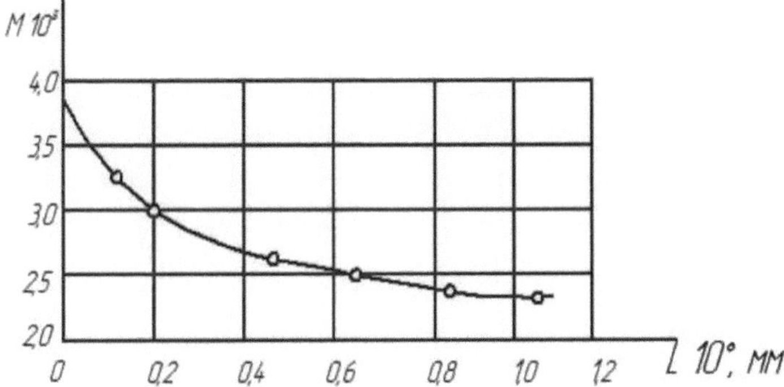

Fig. 1.3: Variação do peso molecular do PMMA (M) em função do comprimento de torneamento (L) do aço 9XC (HRC 42,46; modo de corte: V = 2,2 m/s, S = 1 mm/rev, t = 1,5 mm, fresa T15K6).

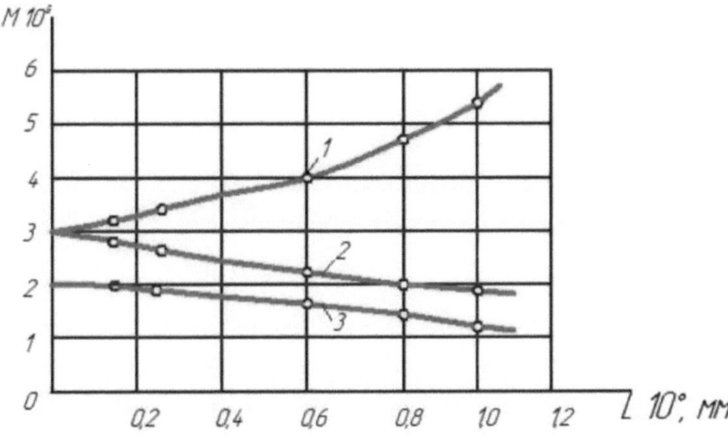

Fig. 1.4 Variação da intensidade integral relativa dos sinais de RMN (Δ) dos grupos de PMMA durante o torneamento do aço 9XC, 1 - grupos - CH3; 2 - grupos COOCH3; 3 - grupos CH2 (O modo de corte é o mesmo da Fig. 1.6).

1.2. Composição dos elementos químicos formados na zona de corte

No âmbito deste trabalho, a investigação concentrou-se principalmente num estudo detalhado da composição dos produtos de pirólise gasosa de aditivos poliméricos e de compostos modelo, a fim de revelar a influência destes ou daqueles componentes das misturas gasosas no processo de tratamento mecânico do metal. As primeiras experiências realizadas neste sentido mostraram que alguns gases libertados durante a pirólise de aditivos poliméricos (emulsões de polietileno e cloreto de polivinilo)

9

demonstram atividade tribológica. Esta atividade manifesta-se na redução da força de corte, do binário, no aumento da resistência ao desgaste das ferramentas de corte, bem como na redução do consumo de energia para a OMD [7].

Uma vez que a cadeia de transformações pirolíticas do aditivo inicial leva à formação de carbono e hidrogénio em formas atómicas ou outras formas activas (radicais, iões, radicais iónicos), foi avançada a hipótese [7] de carbonização permanente da aresta de corte da ferramenta, hidrogenação da peça de trabalho e do material da apara e participação ativa do hidrogénio no processo mecano-químico durante a metalurgia no meio de refrigerantes. Esta conclusão é de grande importância prática, uma vez que daqui decorrem recomendações directas para a procura de aditivos eficazes entre os compostos poliméricos que dão formas activas de carbono e hidrogénio na cadeia de transformações termomecânicas.

Apesar de, já na primeira fase do trabalho, terem sido obtidos dados experimentais versáteis e muito encorajadores a favor desta hipótese, ela precisava certamente de ser mais elaborada e testada.

Ao mesmo tempo, é possível identificar uma série de problemas, cuja solução permitirá avançar nesta questão na direção certa. Entre eles, o mais importante é descobrir a composição detalhada dos produtos gasosos da transformação de aditivos de polímeros na zona de corte e a avaliação da atividade tribológica destes gases.

Os produtos gasosos formados durante a pirólise e a degradação mecanoquímica da emulsão de polietileno OXALEN-ZO, do polietileno (PE) de peso molecular 100000 produzido com catalisador de vanádio, da emulsão de cloreto de polivinilo e do cloreto de polivinilo foram investigados neste trabalho.

A pirólise foi efectuada em ampolas de quartzo. Colocou-se uma suspensão de 0,5 g de polímero no fundo da ampola e procedeu-se à aspiração com um ligeiro aquecimento (50°C). A ampola evacuada foi colocada numa mufla pré-aquecida a 800-850°C e mantida até à carbonização completa da amostra (1-2 min.). Os produtos de pirólise formados durante este processo foram condensados na parte fria da ampola. Após a pirólise, a ampola foi enchida com hélio à pressão atmosférica para introduzir o seu conteúdo na câmara da seringa do cromatógrafo.

A fase gasosa formada durante a perfuração do aço no meio do refrigerante correspondente também foi analisada. Os gases em estudo foram recolhidos de forma normalizada, utilizando um enchimento de calibração, num volume (1L) de 1,5 min. Todos os produtos voláteis foram primeiro recolhidos à temperatura do azoto líquido (-196°C) para um volume de um litro. [3]A fração condensada (tempo de condensação 30 min) foi concentrada por recongelação num pequeno volume (10 cm), seguido de enchimento das ampolas com hélio para análise cromatográfica. A fração gasosa que não se condensou à temperatura do azoto líquido não foi analisada.

A perfuração do aço 1X18Ni9T em meio COTS foi efectuada com uma broca P18 d=5 mm a uma velocidade de rotação da broca de 1500 rpm. Foi aplicada uma camada fina de emulsão de PE no fundo do copo de aço e coberto com uma tampa, que tinha dois orifícios: para entrada da broca e extração dos produtos gasosos gerados durante a perfuração do aço.

A fase gasosa foi analisada no cromatógrafo de gás CHROM - 5 (70°C, Rogarak-R, caudal de gás de arrastamento 30 ml/min.), a elevada sensibilidade do cromatógrafo permite identificar gases numa quantidade não inferior a 10 mol. A tabela 1.2 mostra os resultados da análise cromatográfica dos produtos gasosos da decomposição térmica e mecanoquímica da emulsão de PE. Cada número corresponde ao valor médio de três medições.

Quadro 1.2.

Análise cromatográfica dos produtos gasosos emitidos nos processos de pirólise de emulsão de PE e perfuração de aço em meio COTS.

№	Pirólise		Perfuração		Tempos de retenção de substâncias individuais seg.	
	PE wm	PE	PE em	PE+água		
1	17	16	16	17	17	metano
2	-	29	28	-	30	etileno

3	30	33	33	34	34	etano
4	99	100	96	105	96	propileno
5	145	-	-	-	105	propano
6	263	260	257	264	-	-
7	400	400	400	410	400	isobute
8	575	-	-	-	-	
9	1260	-	1280	1200	1290	acetona
10	1650	1620		-	1620	penteno
11	4380	4350	-	-	4350	hexeno
12	-	6690	-	-	6630	hexano

A tabela 1.2 mostra que a composição das misturas gasosas formadas durante a pirólise e a perfuração na área das fracções voláteis é mais ou menos idêntica, enquanto as fracções de alto ponto de ebulição diferem significativamente. As fracções 10, 11, 12 estão ausentes nos produtos de perfuração, o que pode ser explicado pela sua decomposição ativa ou/e absorção na superfície juvenil do aço.

Foram obtidos dados semelhantes em experiências de pirólise e perfuração em meio de emulsões de policloreto de vinilo. A única diferença é a presença de hidrocarbonetos clorados nas fases gasosas.

1.3. Algumas regularidades de alta eficiência de aditivos poliméricos para COTCs

As investigações efectuadas mostraram que, ao contrário dos refrigerantes tradicionais de baixo peso molecular, os modos óptimos de aplicação de meios contendo polímeros no corte de metais e no tratamento por pressão situam-se na área das temperaturas mais elevadas.

Isto deve-se ao facto de que, com o aumento da temperatura, a taxa e a profundidade do processo de degradação dos aditivos de elevado peso molecular no SOTS aumentam e, consequentemente, aumenta o rendimento das substâncias activas radicais de baixo peso molecular que têm um efeito direto na maquinagem. Neste contexto, a descoberta das zonas de temperatura que correspondem à concentração óptima do rendimento dos produtos de baixo peso molecular permitirá determinar os modos de processamento óptimos.

Os processos de formação de sistemas radicais e policondutores durante a pirólise de polímeros e as suas características físico-químicas foram estudados por ressonância paramagnética eletrónica (RPE), bem como por medição de características dieléctricas e electrofísicas. O método de ressonância magnética nuclear (RMN) foi utilizado para estudar o mecanismo de formação de hidrogénio a partir de moléculas de polímeros no processo da sua utilização em metalurgia, e para processos semelhantes que ocorrem durante a degradação térmica de polímeros foi realizado numa corrente de gás inerte (árgon), a uma taxa de até 40 ml/min e no ar, numa célula de quartzo a temperaturas de 300-900°C. A massa da amostra foi de 20 mg.

O resíduo sólido formado durante a pirólise foi analisado num espetrómetro EPR EPA-2A. Para este efeito, a amostra do produto foi colocada numa ampola de quartzo no ressonador do espetrómetro. O difenilpicrilhidrazil (DPPH) foi utilizado como referência para a intensidade do sinal EPR e o MgO foi utilizado como referência para a intensidade do campo magnético.

Foi utilizada uma célula especial para investigar as propriedades dieléctricas e electrofísicas do resíduo sólido. Os punções, entre os quais a amostra foi colocada, eram eléctrodos e comprimiam a amostra a uma pressão de 395 kG/mm".

O valor da pressão foi escolhido de modo a eliminar o erro de medição nas propriedades do resíduo de piropolímero em pó, que pode ser causado pela folga entre as partículas. Este valor de pressão corresponde às condições de saturação da condutividade, ou seja, às condições em que um novo aumento da pressão não altera a condutividade eléctrica da pastilha de amostra. As medições das propriedades do polímero pirolisado foram efectuadas no intervalo de temperatura e tempo 25-250°, de 5 em 5°, com um tempo de permanência a cada temperatura. A determinação da percentagem de radicais livres no número total de centros paramagnéticos do material foi efectuada de acordo com o seguinte procedimento.

Foi preparada uma solução de DPPH a 0,02% em peso em benzeno e foi determinada a intensidade do sinal EPR de 0,1 ml de solução de DPPH. Colocou-se uma suspensão de polímero pirolisado num recipiente com solução de DFPG, retirou-se após 20 minutos e mediu-se novamente a intensidade do sinal EPR de um determinado volume de solução de DFPG. Através do desvio da diferença na intensidade do sinal EPR da solução de DFPG antes e depois de lhe ter sido adicionado o polímero pirolisado, foi determinada a percentagem de radicais livres no número total de centros paramagnéticos.

Os espectros de ressonância magnética nuclear (RMN) foram estudados num espetrómetro de rádio Tesla B8-487c. A frequência de funcionamento do espetrómetro é de 80 MHz. O tetrametilsilano (TMS) foi utilizado como referência. Os estudos foram efectuados à temperatura ambiente.

Os materiais utilizados para o estudo foram o poliestireno (PS), o cloreto de polivinilo (PVC), o polietileno de baixa pressão (PE) e os solventes: benzeno - CH, tetracloreto de carbono - CH.

O sinal EPR dos polímeros pirolisados é tipicamente um singleto de 98-10Gs de largura com um fator g próximo do de um eletrão livre (Figura 1.5.(a)).

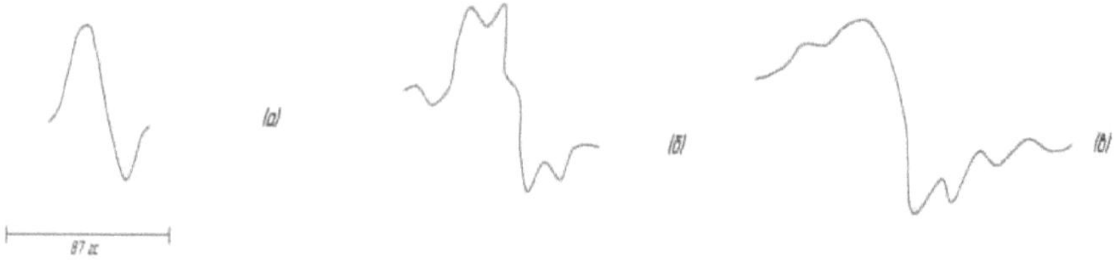

Fig. 1.5. Vista do espetro EPR de produtos de tratamento térmico de polímeros

Obtivemos um singleto semelhante nos estudos de PS (Fig. 1.5.(a)), PE (Fig. 1.5.(b)) e PVC (Fig. 1.5.(c)), e a largura do singleto e a sua posição são próximas para todos os polímeros estudados.

O singleto EPR deste tipo é também atribuído a radicais estáveis que podem ser retidos na matriz sólida do polímero pirolisado em posições em que existem obstáculos estéricos à sua recombinação. Este sinal refere-se à presença de um sistema conjugado da forma.

$$- CH \quad CH - CH \quad CH - C - CH \quad CH - CH \quad CH -$$

A ausência de estrutura superfina (STO) neste caso deve-se ao retardamento da rotação dos radicais numa matriz rígida. O sinal EPR deste tipo é frequentemente observado em estudos de polímeros pirolisados que formam um sistema policíclico policondicionado constituído por anéis aromáticos grafitados.

A cinética da formação de sistemas policonjugados é interessante do ponto de vista do estabelecimento de modos óptimos de tratamento mecanoquímico de sólidos. Isto é evidenciado pelo menos pelo facto de que a formação de sistemas policondutores durante a pirólise do polímero, há uma libertação contínua de hidrogénio, que tem um efeito significativo no processo de destruição do metal na zona de tratamento.

Uma das várias reacções que ocorrem simultaneamente com a reação de formação do sistema policíclico na termodestruição do PE pode ser representada na forma:

A estrutura ultrafina do sinal PE pode ser comparada a um sexteto de linhas com SOTS bastante mal resolvido. Uma tal estrutura do espetro tem um radical da forma

$$- CH_2 - CH - CH_2 -$$

Ao mesmo tempo, os radicais finais de PE formados durante a mecanodegradação têm esse espetro.

No caso do poliestireno, o aparecimento do sinal EPR pode corresponder a radicais

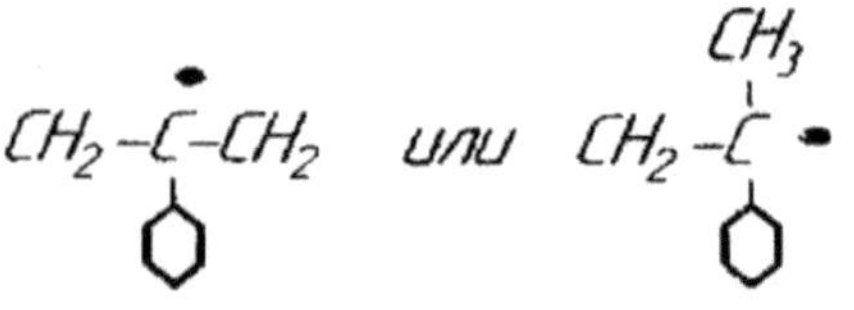

$$CH_2-\overset{\bullet}{\underset{\underset{\bigcirc}{|}}{C}}-CH_2 \quad unu \quad CH_2-\overset{\overset{CH_3}{|}}{\underset{\underset{\bigcirc}{|}}{C}}\bullet$$

₄Para elucidar o tipo de radical formado, foram efectuados estudos por ressonância magnética nuclear (Fig. 1.6.) dos produtos formados como resultado da perfuração do aço 45 numa solução de PS em CCl. Verificou-se que, como resultado da termomecanização do meio que contém o polímero na zona de tratamento do metal, o equilíbrio de protões nas cadeias de poliestireno muda significativamente, há um aumento acentuado do número de protões dos anéis de benzeno nas cadeias em relação aos protões da cadeia principal. Este facto corresponde ao mecanismo acima descrito de separação dos átomos de hidrogénio exatamente da cadeia principal das macromoléculas de poliestireno.

Foi investigada a dependência da cinética do aparecimento de centros paramagnéticos em relação aos parâmetros de temperatura e tempo de tratamento térmico.

Foi demonstrado que a dependência da concentração dos centros paramagnéticos com o tempo de tratamento térmico, tanto no ar como no gás inerte, tem um carácter extremo (Fig.1,7). Além disso, com o aumento da temperatura de tratamento, a concentração máxima de centros paramagnéticos estreita-se e desloca-se para a região de tempos de tratamento menores, ou seja, observa-se uma certa analogia temperatura-tempo deste processo. Após um certo período de tempo ou com o aumento da temperatura, o processo de abertura de ligações duplas começa a prevalecer no piropolímero, o que causa uma diminuição na concentração de PMCs.

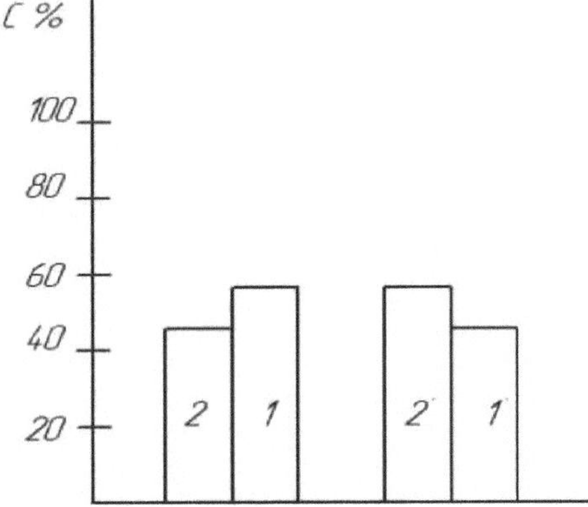

Fig. 1.6. Intensidade do sinal de RMN da solução de PS em CCl 1 - sinal correspondente aos protões da cadeia principal do polímero, 2 - sinal correspondente aos protões do anel aromático do polímero; sinais 1, 2 - antes do tratamento, 1', 2' - após o tratamento.

Para avaliar a possibilidade da influência dos produtos de decomposição dos polímeros no processo de tratamento, foi interessante comparar a cinética do rendimento dos produtos voláteis durante a destruição térmica dos polímeros, e a formação de centros paramagnéticos no polímero e de radicais livres estáveis neste sistema. A partir da Fig. 1.7, verifica-se que, no caso do poliestireno, no período inicial de tempo, há uma saída de produtos voláteis, formando-se então centros paramagnéticos com o carácter de radicais livres, e depois disso, no período seguinte de tempo, o carácter dos centros paramagnéticos muda, entre eles aparecem PMCs não são radicais estáveis. Aparentemente, com o decorrer do tempo de exposição térmica, formam-se sistemas policonjugados. Eventualmente, as ligações duplas são abertas no material e forma-se um sistema reticulado sem atividade paramagnética.

É caraterístico que um certo intervalo entre o tempo de formação de produtos voláteis e o tempo de ocorrência de PMC na pirólise do PS seja mantido a temperaturas mais elevadas. Para o PE, o pico da atividade paramagnética total coincide, em certa medida, com o máximo da concentração de radicais livres. Isto sugere que a formação de sistemas de radicais estabilizados pela conjugação do tipo mostrado na Fig. 1.5(6) é suscetível de ocorrer durante o tratamento térmico do PE

Uma vez que o tratamento térmico do poliestireno foi efectuado ao ar, era natural assumir que o responsável pela morte dos radicais livres estáveis no PS era o oxigénio do ar que interagia com os radicais livres.

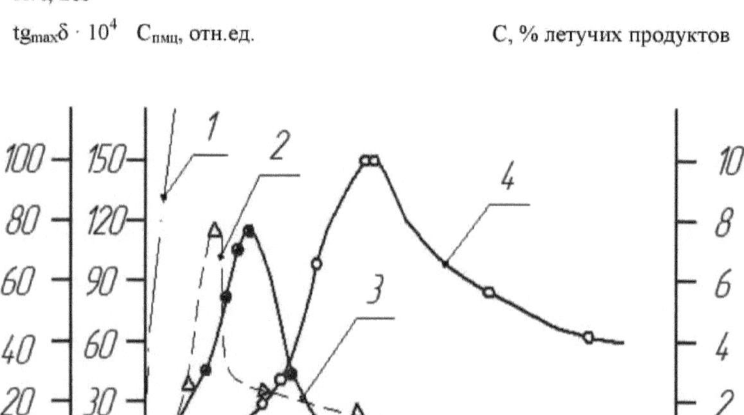

Fig. 1.7 Dependência da concentração dos produtos formados durante a degradação termo-oxidativa do poliestireno: 1-estireno, 2-proporção de radicais livres na matriz do piroostato em relação ao número total de PMCs, 3-grupos C=0 (determinado pela dependência de tg S em τ), 4-centros paramagnéticos do tipo de sistemas polisconjugados.

Para verificar este pressuposto, foram efectuados estudos dieléctricos da dependência da temperatura de τga *do* polímero pirolisado em relação à temperatura de medição.

Na formação de ligações C=0 em polímeros, nas medições das propriedades dieléctricas à frequência de 1000 Hz e à temperatura de medição de 33±3°C, regista-se o máximo *tdb,* cujo valor é diretamente proporcional à concentração de ligações C=0. Neste contexto, foram investigadas as dependências *τgs = f(T°}* para o PS pirolisado. De acordo com estas dependências, foi traçado um gráfico da intensidade do máximo *τg6* a T=33°C em função do tempo de tratamento térmico do PS no ar.

O gráfico da Fig. 1.8 mostra que durante o tempo em que ocorre a morte dos radicais livres estáveis, forma-se no sistema um número significativo de grupos contendo oxigénio do tipo C=0. Ao passar por um determinado valor do parâmetro tempo, o número destes grupos diminui e simultaneamente a concentração total de sistemas policondutores na amostra aumenta.

A fim de verificar se a adição de oxigénio é um fator decisivo no carácter observado das dependências cinéticas da formação do número total de PMCs, foram realizados estudos semelhantes com tratamento térmico do polímero num gás inerte.

É demonstrado que o carácter qualitativo da disposição mútua dos máximos dos rendimentos voláteis e da concentração total de PMC permanece o mesmo, ou seja, é preservado um certo intervalo entre os picos destas dependências e o tempo de processamento.

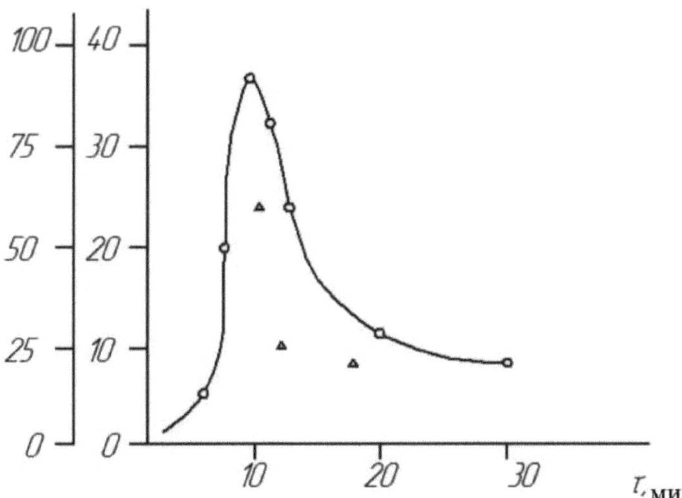

Fig. 1.8. Dependência da concentração dos produtos de degradação termo-oxidativa do polietileno em função do tempo de tratamento: 1 - radicais livres, 2 - centros paramagnéticos do tipo de sistemas policonjugados

Consequentemente, pode assumir-se que a formação de grupos contendo oxigénio não é exclusivamente responsável pela morte de radicais livres estáveis no sistema PS pirolisado. No entanto, durante o período desde o início da formação de radicais estáveis até ao aparecimento da concentração máxima de PMCs totais, o poliestireno pirolisado interage ativamente com o oxigénio do ar. Obviamente, isto também produz uma quantidade significativa de substâncias moleculares de carácter peróxido, que afectam o processo de trabalho do metal por quimisorção no metal e facilitam os processos de formação de novas superfícies sólidas no processo de destruição.

Sabe-se que existe uma estreita relação entre as propriedades magnéticas, electrofísicas e catalíticas dos produtos poliméricos orgânicos. Por exemplo, o poliacrilonitrilo tratado termicamente catalisa as reacções de desidrogenação e de decomposição de várias substâncias orgânicas (gorduras, ácido fórmico, etc.). Ao mesmo tempo, as propriedades catalíticas dos semicondutores poliméricos correspondem inequivocamente às suas propriedades electrofísicas. Tendo isto em conta, foram realizados estudos das propriedades electrofísicas dos produtos sólidos do tratamento térmico dos polímeros.

A Figura 1.9 mostra as dependências do logaritmo da resistividade eléctrica do polímero pirolisado com o inverso da temperatura de medição, para diferentes regimes de tratamento térmico.

Verifica-se que, para todos os polímeros investigados, com o aumento da temperatura de processamento, há uma diminuição da resistência eléctrica do produto tratado termicamente (resíduo). A presença de duas secções de dependência $lg\, p = f(1/T°)$ é determinada, aparentemente, pelo facto de a secção inicial de dependência ser causada pela condutividade da impureza, e a seguinte pela condutividade intrínseca do polímero semicondutor. Com base no valor do declive das dependências $lg\, p = f(1/T°)$ para a região de condutividade intrínseca, determinámos a largura da zona de condução proibida da pirólise do polímero.

A dimensão da zona proibida da condutividade eléctrica dos semicondutores é um critério importante das suas propriedades catalíticas. Dependendo do tipo de reacções catalisadas, a reação é acelerada ou abrandada à medida que ΔE diminui.

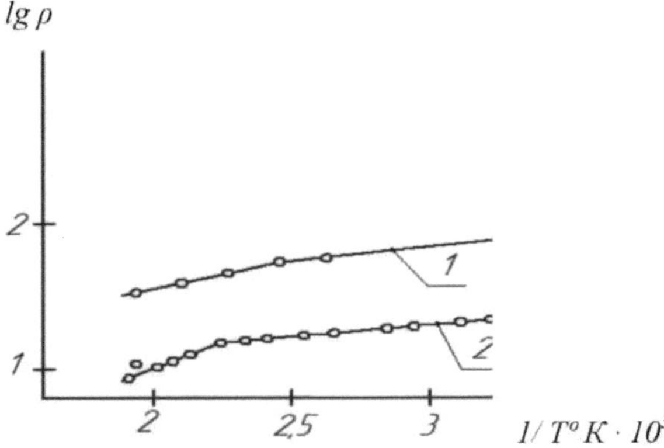

Fig.1.9 Dependência da resistência eléctrica dos produtos de destruição térmica do PVC em função da temperatura em atmosfera de hélio durante 1 min, 1 - $T° = 600°C$; 2 - $T° = 700°C$.

Para que a reação acelere com a diminuição de ΔE, é necessário que seja do tipo dador (ou seja, acelere à medida que o nível de Fermi do catalisador diminui para a zona proibida). Uma vez que uma parte significativa das reacções químicas de decomposição de polímeros pode ser atribuída a reacções do tipo dador, assumiu-se naturalmente que a dependência de ΔE no tempo de pirólise a diferentes temperaturas seria indicativa na elucidação dos modos temperatura-tempo da atividade catalítica máxima do pirolisado de polímero. A Fig. 1.10. mostra essas dependências do tempo de tratamento térmico. Pode observar-se que o máximo da largura da zona proibida da condutividade eléctrica e o máximo da concentração total de PMC coincidem no mesmo domínio temporal. O facto de duas características da substância, a electrofísica e a magnética, ambas relacionadas com a atividade catalítica desta substância, coincidirem na mesma região para o pirólito de polímero sugere que esta região é a região de máxima atividade catalítica do polímero durante o seu tratamento mecanoquímico. Neste caso, o catalisador polimérico formado participa na catálise de várias reacções de termodestruição de fragmentos de macromoléculas, acabando por levar à auto-aceleração destas reacções, resultando na libertação de hidrogénio, que tem um efeito significativo na destruição e deformação de metais no processo do seu tratamento mecânico. Na presença de oxigénio, o resíduo de piropolímero cria condições ideais para a formação de grupos peróxidos, que também influenciam o

21

processo de tratamento mecânico de sólidos.

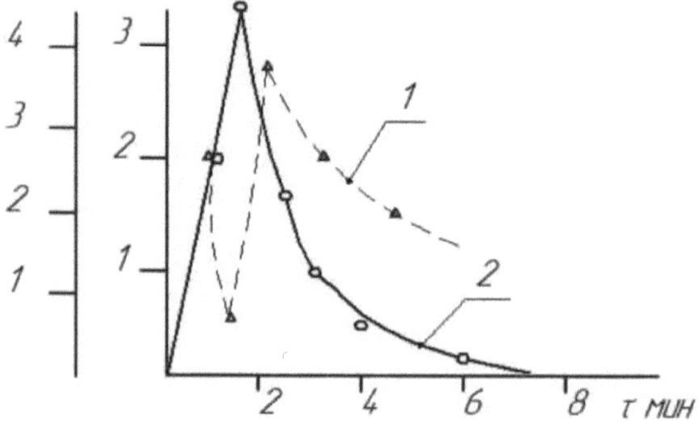

°°Fig. 1.10. Dependência da concentração de centros paramagnéticos e da energia de ativação da resistência eléctrica do produto de destruição térmica PMMA no tempo de tratamento térmico a T =600 C 1-Largura da zona proibida de condutividade eléctrica, 2-Concentração de PMCs

Neste contexto, a fim de estabelecer os modos óptimos de utilização de polímeros como meios tecnológicos para o processamento mecânico de metais, foram reveladas as regiões de temperatura e tempo de atividade catalítica máxima dos polímeros. Esta região situa-se no intervalo de pequenos valores de tempo durante o qual aparece a concentração óptima de produtos de degradação (até 100 segundos) e temperaturas relativamente altas (500-600°C). (Fig.1.11.). Na mesma região encontra-se o mínimo ΔE de condutividade destas substâncias.

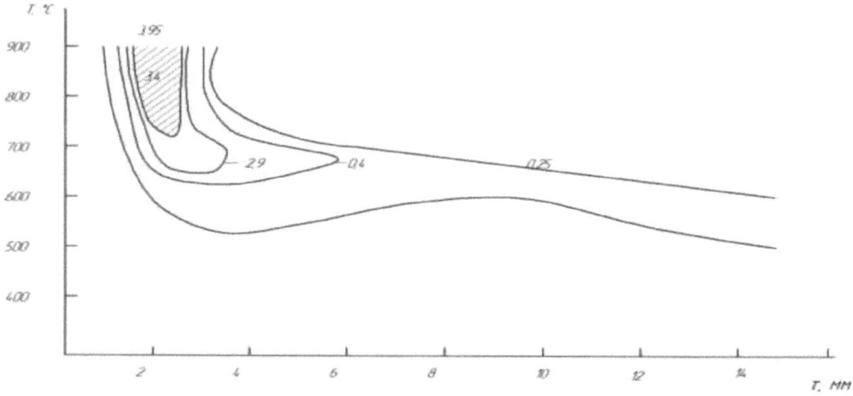

Fig. 1.11. Zonas de igual concentração de PMCs durante a destruição térmica de PS em atmosfera de Ne.

Até certo ponto, os estudos realizados permitem explicar o facto de os meios contendo polímeros funcionarem mais eficazmente em modos severos de processamento de metais, quando ocorrem temperaturas significativas no centro de deformação e fratura, e o material tratado está na zona de ação mecânica durante um tempo mínimo.

Capítulo II

Informações básicas sobre o hidrogénio que provoca o efeito

Numerosos resultados de investigação e respectivas análises apresentados nos capítulos anteriores, bem como a experiência de aplicação de refrigerantes contendo polímeros na indústria, atestam o facto de que a elevada eficiência desses refrigerantes se deve à influência do hidrogénio nos processos de formação de aparas. Também foi estabelecido que a forma ativa do hidrogénio se forma na zona de corte como resultado de sucessivas transformações pirolíticas do componente polimérico do CRM sob o efeito da temperatura na zona de maquinagem, que surge como resultado da fricção da ferramenta com a peça de trabalho e da deformação plástica na camada de metal cortada.

Devido ao facto de o elemento químico hidrogénio ser crucial na implementação do efeito mecanoquímico, e de a informação sobre ele ser apresentada apenas na literatura especial e de as ideias dos estudantes sobre ele estarem limitadas ao curso de química geral, este capítulo apresenta as propriedades físicas básicas do hidrogénio.

É de notar que, apesar da variedade de formas e tipos de manifestação da influência do hidrogénio nos processos de deformação e fratura do aço e das ligas, em geral esta influência é determinada pelo teor de hidrogénio, pela natureza da interação dos metais e ligas com o hidrogénio, pelo estado do hidrogénio no metal, pela magnitude das tensões actuantes (externas ou internas), pelo esquema do estado de tensão. O hidrogénio pode também influenciar o início da fenda, a propagação da fenda ou ambas as fases da fratura. Esta variedade de factores leva a que não exista provavelmente um mecanismo único de fragilização por hidrogénio dos metais e, mesmo para um metal, o mecanismo de influência do hidrogénio pode mudar quando se alteram os factores acima referidos. A possibilidade de ação simultânea de vários mecanismos também não está excluída.

Ao analisar a influência do hidrogénio nos processos de deformação e fratura, é necessário distinguir entre factores primários e secundários. Os factores primários incluem as fontes de hidrogénio, os processos de transporte de átomos de hidrogénio da fonte para uma determinada região (na qual podem ser realizados determinados mecanismos de fragilização pelo hidrogénio), a formação de hidretos, a descoesão da rede, a interação de átomos de hidrogénio com deslocamentos e a formação de não-continuidades. Os segundos factores incluem várias impurezas, hidretos superficiais e películas de óxido, embotamento plástico da fenda e o grau de tensões triaxiais.

Com base nos estudos dedicados às várias formas e tipos de manifestação da influência do hidrogénio nas propriedades físicas e mecânicas dos aços e, especialmente, nos processos e fenómenos que ocorrem durante a sua deformação e fratura (analisados criticamente em monografias [8-13] e artigos de revisão [14-16]), podem distinguir-se quatro grupos de hipóteses:

1)   teorias de alta pressão do hidrogénio molecular, incluindo a teoria das tensões triaxiais máximas [10];

2)   teoria da adsorção, segundo a qual o hidrogénio facilita a nucleação e a propagação de fissuras devido a uma diminuição da energia superficial [8,9];

3)   teoria da redução da força coesiva dos metais pelo hidrogénio dissolvido [11,13];

4)   teorias baseadas no pressuposto de que o hidrogénio afecta não só os processos de fratura mas também o mecanismo da deformação plástica precedente [14,15,17].

Ao mesmo tempo, as hipóteses propostas não podem explicar todas as regularidades da influência do hidrogénio, em particular, surgem dificuldades, por exemplo, ao explicar a fragilização reversível pelo hidrogénio. Essencialmente, estas hipóteses explicam o efeito do hidrogénio pré-dissolvido no aço nos processos de deformação e fratura. Já para explicar o mecanismo de influência do hidrogénio formado em resultado das transformações pirolíticas do componente polimérico do SOTS diretamente no processo de corte, é necessário ter em conta: a interação química do hidrogénio com a superfície externa do metal antes da sua deformação, com as superfícies internas dos grãos, blocos, inclusões não metálicas durante a deformação, a relação entre a taxa de deformação e a taxa de difusão do hidrogénio, a sua interação com as deslocações, etc., bem como a interação química do hidrogénio com a superfície externa do metal antes da sua deformação.

Neste contexto, parece oportuno revelar as regularidades básicas gerais da influência do hidrogénio, características tanto durante a deformação e fratura do aço como no caso de hidrogenação electrolítica preliminar com subsequente deformação do aço, independentemente de se formarem ou não hidretos no metal, de a coesão da rede diminuir ou aumentar durante a dissolução do hidrogénio, etc. Deve haver algo de comum no mecanismo de influência do hidrogénio, que não depende da sua estrutura cristalina, nem da pressão interna do hidrogénio, nem da presença de hidretos.

Na nossa opinião, os processos comuns que levam a alterações nas propriedades do metal sob a influência do hidrogénio podem ser: a) a natureza de deslocação do mecanismo de deformação plástica; b) a difusão dirigida do hidrogénio nas zonas de estiramento triaxial.

Com base no exposto, para a interpretação do mecanismo de influência do hidrogénio no processo de formação de aparas durante a maquinagem do aço, utilizámos ideias modernas sobre a influência da hidrogenação electrolítica do aço, tanto antes como durante a sua deformação, bem como os resultados da nossa própria investigação, cujos principais elementos são apresentados na monografia [7], bem como os dados obtidos em conjunto com os nossos colaboradores e publicados em [15, 17].

O hidrogénio é um elemento muito difundido. É um constituinte da maioria das substâncias que compõem os organismos vivos, bem como de muitas substâncias inorgânicas. São conhecidos mais compostos de hidrogénio do que de qualquer outro elemento; o carbono ocupa o segundo lugar no número de compostos, apenas ligeiramente atrás do hidrogénio.

No seu estado livre, o hidrogénio H2 é um gás que não tem cor, cheiro ou sabor. $^1_4$É o mais leve de todos os gases, a sua densidade é aproximadamente / a densidade do ar. As suas temperaturas de fusão (- 259°C) e de ebulição (- 252,7°C) são muito baixas; só o hélio tem temperaturas ainda mais baixas. $^{-3}$O hidrogénio líquido, com uma densidade de 0,070 g - cm, é, como seria de esperar, o líquido mais leve. $^{-3}$O hidrogénio cristalino, que tem uma densidade de 0,088 g - cm, é também a substância cristalina mais leve. O hidrogénio é muito pouco solúvel em água: em 1 litro de água a 0°C e à pressão de 1 atm dissolve-se apenas 21,5 hidrogénio gasoso. A solubilidade diminui com o aumento da temperatura e aumenta com o aumento da pressão do gás.

2.1. Estrutura eletrónica do hidrogénio

O núcleo mais pequeno e mais leve é o protão. O protão tem uma única carga positiva e, juntamente com um eletrão, que tem uma única carga negativa, forma um átomo de hidrogénio.

Pouco depois de terem sido desenvolvidas as ideias da presença de um núcleo em cada átomo, foram apresentadas ideias sobre a forma exacta como o protão e o eletrão se combinam para formar o átomo de hidrogénio. A atração mútua entre o eletrão e o protão, de carga oposta, poderia fazer com que o eletrão orbitasse o protão, muito mais pesado, tal como a Terra orbita o Sol. Bohr sugeriu que a órbita do eletrão num átomo de hidrogénio normal deveria ser circular com um raio de 53 pm. [-1]De acordo com o cálculo, o eletrão deveria orbitar esta órbita a uma velocidade constante de 2,18 - 106 M·C, que é ligeiramente inferior a 1 por cento da velocidade da luz.

Os resultados das investigações de muitos físicos mostram que esta imagem está correcta apenas aproximadamente. O eletrão não se move ao longo de uma órbita definida, mas faz um movimento algo desordenado - por vezes aparece muito próximo do núcleo, outras vezes consideravelmente distante dele. Além disso, move-se principalmente em direção ou para longe do núcleo e move-se em todas as direcções em relação ao núcleo, em vez de estar num plano. Embora não permaneça exatamente a 53 pm do núcleo, esta distância determina a sua posição mais provável em relação ao núcleo. Pelo seu movimento rápido em torno do núcleo, ocupa efetivamente todo o espaço num raio de cerca de 100 pm do núcleo e, assim, predetermina que o valor do raio efetivo do átomo de hidrogénio é de cerca de 100 pm. [-3]É este movimento dos electrões que faz com que os átomos, constituídos por partículas com diâmetros de apenas ~10 pm, se comportem como objectos sólidos com diâmetros de várias centenas de pm. [6-1]A velocidade de um eletrão num átomo de hidrogénio não é constante; o seu valor médio de Bohr é 2,18·10 M·C .

Assim, pode afirmar-se que um átomo de hidrogénio livre tem um núcleo pesado no centro de uma esfera limitada por um espaço preenchido por um eletrão que se move rapidamente em torno do núcleo. O diâmetro de uma tal esfera é de cerca de 200 pm.

Com base nas equações da mecânica quântica que descrevem o eletrão do átomo de hidrogénio no estado normal, concluiu-se que é incorreto dizer que o eletrão se move em torno do núcleo ao longo de uma órbita. Em vez disso, é habitual dizer-se que o eletrão ocupa uma *orbital*. *A orbital* ocupada por um eletrão de um átomo de hidrogénio no estado normal (o estado mais estável) é designada por orbital ls. O número 1 é, neste caso, o valor do *número quântico principal p*.

Existe apenas uma orbital para n=1. No caso do átomo de hidrogénio, existem outras orbitais possíveis correspondentes a n=2, n=3, etc. Um átomo de hidrogénio em que um eletrão ocupa uma destas orbitais é instável; assume-se que esse átomo se encontra num *estado excitado*. Para mover um átomo de hidrogénio do estado normal para o primeiro estado excitado (n=2), é necessário gastar uma grande quantidade de energia, igual a 75% da energia necessária para o desprendimento completo de um eletrão. O diâmetro do átomo neste estado excitado é de cerca de 800 pm, ou seja, é quatro vezes o diâmetro do átomo no estado normal.

2.2. Molécula de hidrogénio

$_2$O exemplo mais simples de uma molécula covalente é a molécula de hidrogénio H . A estrutura eletrónica da molécula é escrita como H : H; esta notação indica que dois electrões pertencem simultaneamente aos dois átomos, formando uma ligação entre eles. Esta estrutura corresponde à estrutura com uma ligação de valência H-H.

A molécula de hidrogénio, tal como foi estabelecida a partir do estudo do seu espetro e de cálculos baseados na teoria da mecânica quântica, tem a estrutura representada na Fig. 2.1. Os dois núcleos da molécula de hidrogénio estão firmemente mantidos a uma distância de cerca de 74 pm; à temperatura ambiente, a amplitude do desvio da distância média entre eles varia dentro de alguns picómetros e aumenta ligeiramente a temperaturas elevadas.

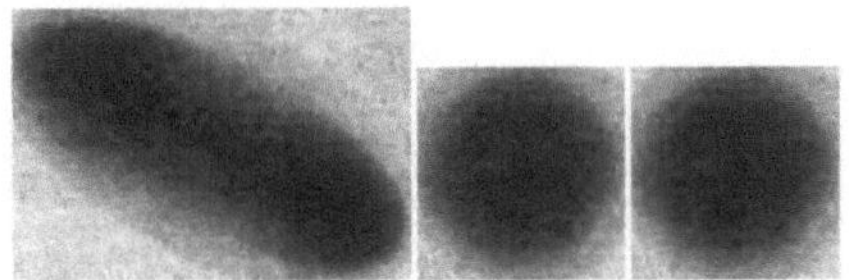

Figura 2.1. Distribuição dos electrões numa molécula de hidrogénio e em dois átomos de hidrogénio.
A distância entre dois núcleos nesta molécula é de 74 pm.

Os dois electrões movem-se muito rapidamente numa certa região em torno dos dois núcleos; a distribuição média dos electrões no tempo é mostrada pelas áreas sombreadas na Fig. 2.1. É fácil ver que o movimento dos dois electrões ocorre predominantemente na pequena área entre os dois núcleos. (Os núcleos estão nos locais de maior densidade de electrões). *Dois electrões unidos por dois núcleos formam uma ligação química entre dois átomos de hidrogénio numa molécula de hidrogénio.*

2.3. Constantes físicas do hidrogénio

O diâmetro de uma molécula de hidrogénio é de 0,212 *nm* (2,12 Å). $H_2 \rightleftarrows 2H$ A energia de dissociação de uma molécula de hidrogénio em átomos pela reação é de 431,2 *kj/mol* (103kcal*!mol,* ou 4,37 *ev/átomo*). A dissociação térmica do hidrogénio gasoso a temperaturas inferiores a 2000°C é extremamente pequena. Assim, no intervalo de temperatura de 500-1500°C, a constante de dissociação varia entre [1]

$$k = \frac{(PH)^2}{(PH_2)} = 10^{-41} \, (225°C) \div 10^{-10} \, (1220°C)$$

O processo de dissociação pode ser ativado por descarga eléctrica, ação catalítica de metais, vários tipos de irradiação.

O diâmetro de um átomo de hidrogénio, constituído por um protão e um eletrão, é de cerca de 0,1 *nm* (1 Å). [6-5]O tamanho de um protão é cem mil vezes mais pequeno do que 10 *nm* (10 Å). A energia de ionização do átomo livre para o protão é de 1307,2 *kj/mol* (312 *kcal/mol,* ou 13,53 *ev/átomo*). Ao interagir com diferentes reagentes, o hidrogénio comporta-se de forma diferente, participando em ligações covalentes, iónicas e metálicas, dependendo das condições [12].

Como consequência, forma-se hidrogénio:

a)   com metais alcalinos e alcalino-terrosos - hidretos semelhantes a sais, que são compostos iónicos cristalinos não voláteis;

б)   com metais do grupo IVB, VB, VIB - hidretos, que são compostos covalentes, gasosos à temperatura ambiente, por exemplo, $AsH3$ e $SiH4$;

в)   por interação direta com o crómio, o ferro, o cobalto, o níquel, a platina, o cobre, a prata, o molibdénio, o magnésio, o alumínio, etc., os hidretos de alguns destes metais só podem ser obtidos por método preparativo; os hidretos de alguns destes metais só podem ser obtidos por método preparativo. - soluções verdadeiras; os hidretos de alguns destes metais só podem ser obtidos por método preparativo;

г)   com titânio, zircónio, tório, háfnio, vanádio, nióbio, tântalo, urânio, paládio, bem como com metais de terras raras em determinadas condições e concentrações -a - soluções sólidas; com o aumento do teor de hidrogénio, aparecem regiões de misturas de α - soluções sólidas com compostos intermetálicos - hidretos, representando na maioria dos casos fases de composição química variável; finalmente, com um teor de hidrogénio ainda mais elevado, formam-se fases de hidreto puro [18].

2.4. Regularidades termodinâmicas

A interação do hidrogénio com os metais foi estudada por muitos investigadores, mas a descrição mais completa destas regularidades é dada na monografia de Smitels, publicada pela primeira vez em 1937, em Nova Iorque, e que manteve em grande parte o seu significado até aos dias de hoje

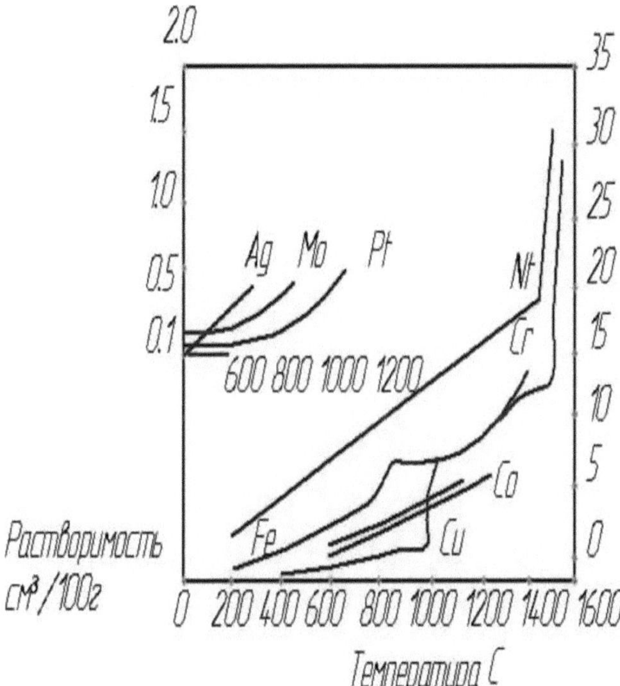

Figura 2. 2. Isobares de solubilidade do hidrogénio no ferro, cobalto, cobre, níquel, platina, prata, alumínio e molibdénio [15, 85].

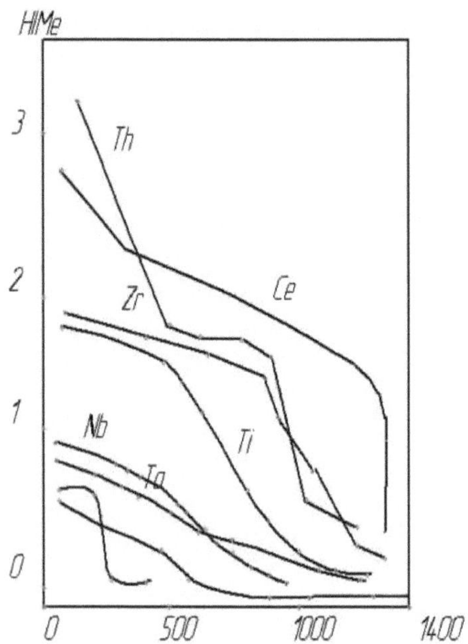

Fig. 2.3. Isóbaros de absorção de hidrogénio do paládio, vanádio, tântalo, nióbio, titânio, zircónio, selénio e tório.

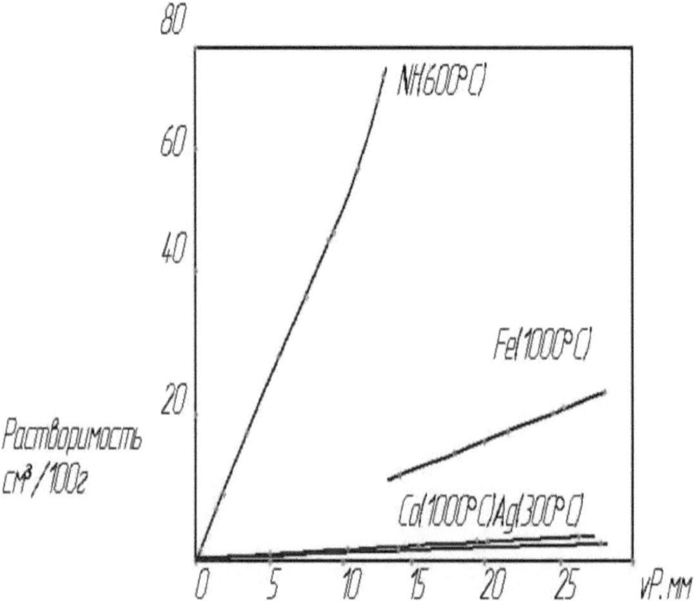

Fig. 2.4. Isotérmicas de solubilidade do hidrogénio em níquel, ferro, cobalto e prata [22]

As figuras 2.2 e 2.3 mostram as isóbaras de absorção, a partir das quais se pode observar uma diferença acentuada no comportamento dos metais. Resulta destas figuras que, em condições de equilíbrio, a quantidade de hidrogénio absorvida pelos metais do agrupamento representado na figura 2.2 aumenta com o aumento da temperatura, e pelos metais do agrupamento representado na figura 2.3 diminui. A solubilidade do hidrogénio nos metais de ambos os grupos em cada estado alotrópico aumenta com a temperatura. Doravante, o termo absorção, hidrogénio absorvido, é entendido como todo o hidrogénio absorvido pelo metal, e o termo solubilidade é entendido como a capacidade de absorção do hidrogénio na formação de uma verdadeira solução sólida (H). A diferença entre a evolução da solubilidade (Fig. 2.3) e a variação da quantidade total de hidrogénio absorvido (ver Fig. 2.2) com o aumento da temperatura nos metais do grupo da Fig. 2.4. deve-se ao facto de, a temperaturas relativamente baixas, metais como o titânio e o zircónio se poderem converter quase totalmente nos respectivos hidretos. A altas temperaturas, os hidretos dissociam-se e apenas o hidrogénio que forma a solução sólida de introdução com eles permanece nos metais. Como resultado, o teor total de hidrogénio dos metais diminui com o aumento da temperatura. As figuras 2.4 e 2.5 mostram as isotérmicas de absorção de hidrogénio de alguns metais. As isotérmicas dos metais não formadores de hidrogénio obedecem à lei de Sieverts [19]:

$$S = k_s \sqrt{Ps}$$

em que S é a concentração de hidrogénio dissolvido no metal;

Ps - pressão parcial do hidrogénio na fase gasosa acima do metal

$_s k$ é a constante de solubilidade.

A verdadeira dissolução, isto é, a dissolução dentro dos limites da formação de uma solução sólida, é um processo endotérmico. A adesão à lei de Sieverts a todas as temperaturas e pressões atingidas indica que os metais deste grupo, isto é, o crómio, a platina, o cobre, a prata, o molibdénio, o magnésio e o alumínio, formam verdadeiras soluções sólidas com o hidrogénio. Decorre igualmente da lei de Siverts que o hidrogénio só pode dissolver-se, isto é, penetrar na rede cristalina de um metal, no estado atómico, ou seja, a dissociação do hidrogénio molecular em átomos é obrigatória antes da dissolução. A solubilidade do hidrogénio nos metais deste grupo durante a transição do estado sólido para o estado líquido aumenta até uma determinada temperatura, após o que, com o aumento da temperatura, diminui até zero no ponto de ebulição. A natureza das isotérmicas de absorção de hidrogénio pelos metais que formam hidretos depende da temperatura. A temperaturas médias, estas isotérmicas têm a forma mostrada na Fig. 2.6. São as isotérmicas do titânio, paládio, tório, etc. (ver Fig. 2.5). (ver Fig. 2.5).

O carácter retilíneo das isotérmicas destes elementos a baixas pressões indica a formação de soluções sólidas de introdução a estas pressões. Na região de pressão seguinte, formam-se hidretos, cuja quantidade aumenta com o aumento da pressão.

A terceira região de pressão, onde a isotérmica de absorção é paralela ao eixo da pressão (Fig. 2.6), corresponde à saturação dos hidretos metálicos. Com uma exposição prolongada nesta região, a fase metálica desaparece completamente, dando lugar a um hidreto de composição estequiométrica limitante.

A temperaturas mais elevadas, o aspeto da isotérmica muda: a reta é preservada numa vasta gama de concentrações, o que está associado à expansão da região de existência de soluções sólidas a estas temperaturas [20, 21].

A formação de hidretos é geralmente acompanhada por um grande efeito térmico positivo, ou seja, a absorção de hidrogénio pelos metais do grupo da Fig. 2.3. é, na maioria dos casos, um processo exotérmico.

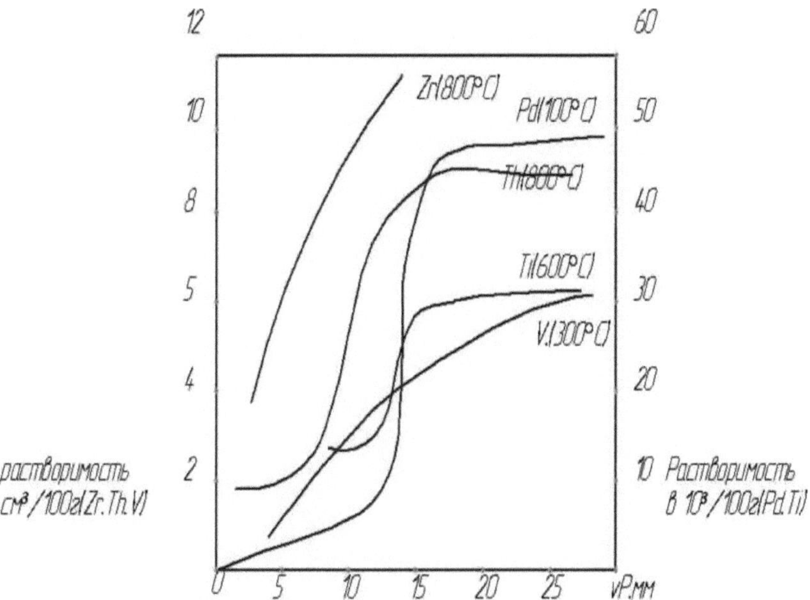

Fig.2.5: Isotérmicas de absorção de hidrogénio pelo zircónio, paládio, tório, titânio e vanádio[19]

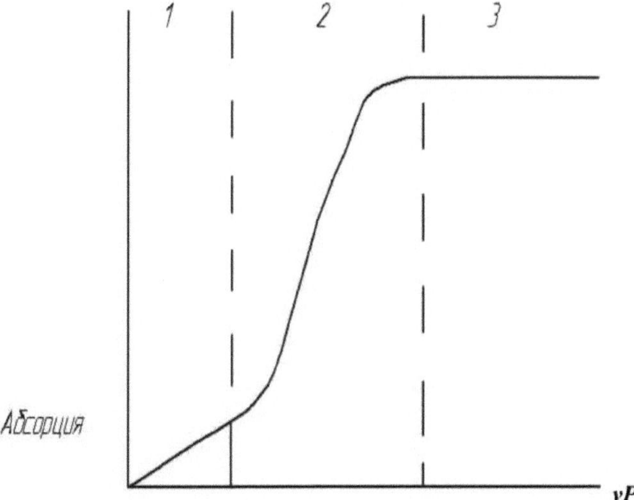

Fig. 2.6: Isotérmica típica de absorção de hidrogénio (esquema) por metais formadores de hidretos a temperaturas médias [23]

2.5. Parâmetros cinéticos da interação de metais com hidrogénio

A interação dos metais com o hidrogénio é um processo complexo que envolve várias reacções que ocorrem na superfície e nas profundezas do metal.

As reacções de metais com hidrogénio podem ser divididas em duas grandes classes - reacções que não conduzem à formação de compostos químicos na superfície e reacções com a formação destes compostos. Existem também reacções em que as moléculas de um composto químico são formadas na superfície, passando imediatamente para a fase gasosa.

As reacções de absorção ou libertação reversíveis de hidrogénio gasoso podem processar-se através de um mecanismo simples.

1. Transferência de massa na fase gasosa.

2. $_{ад}$Adsorção de moléculas de hidrogénio na superfície ou a sua dessorção G2- 2|G|

.

3. Dissociação de moléculas adsorvidas e quimisorção de átomos adsorvidos ou recombinação de átomos adsorvidos em moléculas adsorvidas - G2 - 2G$_{ад}$

4. $_{т}$Transição de átomos adsorvidos para o estado adsorvido Gad 2 |G| .

5. Difusão de hidrogénio em metais.

Cada uma das etapas sucessivas da absorção de hidrogénio pelo metal, com exceção da segunda etapa, pode ser controlada em função das condições de transferência de massa na fase gasosa, do estado da superfície, da temperatura e da distribuição da concentração de hidrogénio dissolvido no metal.

A taxa de interação entre o metal e o hidrogénio é convenientemente representada como a densidade do gás absorvido pelo metal.

Se a primeira fase de fornecimento de hidrogénio à superfície for a de controlo, a velocidade do processo é determinada por razões puramente técnicas e é proporcional ao quadrado da concentração de gás no metal.

$$J = k\,/c^2, \tag{1}$$

em que c é a concentração de gás no metal.

Se a fase de controlo é a terceira fase, então,

$$J = k_3\,(c^2_e - c^2), \tag{2}$$

ₑem que c **é a** concentração de equilíbrio obtida pela lei de Sieverts

$$c_e = BP, \tag{3}$$

Dependendo da magnitude da pressão P, o fluxo pode ser dirigido em qualquer direção (absorção e emissão).

Este resultado é facilmente explicável, uma vez que, no caso da terceira etapa de controlo, o número de moléculas dissociadas é proporcional ao número de moléculas que colidem com a superfície, ou seja, à pressão, e o número de átomos que se recombinam é proporcional ao número das suas colisões, ou seja, ao quadrado da concentração da superfície.

Se a quarta etapa, ou seja, a transição dos átomos adsorvidos para o estado dissolvido ou a fuga dos átomos dissolvidos para a superfície, estiver a ser controlada, a densidade de fluxo é proporcional à diferença entre a concentração de equilíbrio e a concentração de gás no metal.

$$J = k_4\,(c_e - c), \tag{4}$$

Finalmente, no caso do controlo por difusão, quando a concentração sobre o volume do metal já não pode ser considerada constante,

$$J = -\,D\,c|_{x=0}, \tag{5}$$

em que D é o coeficiente de difusão do gás dissolvido no metal.

As equações (1-5) são diferenciais; em processos reais pode haver uma transição de uma fase de controlo para outra e períodos de controlo intermédio quando as taxas dos processos que ocorrem em duas fases diferentes são comparáveis.

Deve recordar-se que a superfície do metal processado é muito facilmente contaminada. Consequentemente, o estado da superfície da peça de trabalho influenciará as fases 2, 3 e 4, ou seja, o nível de adsorção e, portanto, o nível de redução da energia de superfície do metal deformado, bem como a taxa de transição dos átomos de hidrogénio adsorvidos através da superfície do metal. Quando uma camada de composto químico aparece na superfície do metal, os locais de reação - metal e gás - aparecem separados um do outro e a sua interação posterior só ocorre se pelo menos uma das substâncias se difundir através da película de separação. Isto leva a que, em muitos casos, a taxa de reação seja determinada não pela reação em si, mas pelos processos de transferência de massa através da película do composto químico. Na presença de defeitos catiónicos na rede de um composto químico, os iões metálicos difundem-se para a fronteira de fase película-gás e aí interagem com o gás. Na presença de defeitos aniónicos, os iões de gás difundem-se para a interface composto químico-metal e interagem com o metal nesta interface.

Assim, ocorrem tanto reacções de fronteira como processos de transferência. Os primeiros incluem a quimisorção de átomos de gás e a sua transferência para a rede da película, bem como a transferência de metal e electrões para a película com a subsequente interação de iões de gás com o metal na fronteira metal-filme e de iões de metal com o gás na fronteira filme-gás. Estes últimos incluem a difusão de catiões metálicos e aniões gasosos através da película ao longo de locais defeituosos causados pelo gradiente de potencial químico, e a difusão ao longo dos limites de grão do composto químico, a penetração através de poros e imperfeições no mesmo, bem como os processos de transporte em películas finas causados por cargas espaciais e campo elétrico.

Em condições reais, sob um tempo experimental suficientemente longo, é possível a transição de uma dependência para outra, que é muito suave, o que torna difícil analisar as curvas e revelar o mecanismo de absorção do gás.

Se o gás reagir não com o metal puro, mas com uma liga, são possíveis os processos de formação interna de um composto químico devido à interação preferencial do gás com um dos componentes da liga. No caso das ligas multifásicas, a situação é ainda mais complicada, uma vez que é possível a formação de diferentes fases do composto e a interação preferencial do gás com fases individuais do metal. Há também uma redistribuição dos componentes metálicos da liga sob a ação do gradiente de potencial químico que surge na camada superficial no processo de saturação do gás [24 - 26].

2.6. Constantes que determinam a adsorção de hidrogénio em metais

A adsorção refere-se idealmente ao enriquecimento da interface entre duas fases imiscíveis pelos componentes que constituem essas fases [27]. As fases em interação são sempre, em certa medida, solúveis uma na outra, pelo que a adsorção deve ser entendida apenas como um excesso de concentração de componentes na interface em relação ao seu conteúdo nas fases em contacto.

O significado prático mais importante é a adsorção de gases na superfície dos sólidos [28, 29]. O enriquecimento da interface sólido-gás por gases é causado pelo desequilíbrio na superfície entre os átomos que constituem o sólido, ou seja, a insaturação de ligações nos átomos que se encontram na superfície. A saturação destas ligações como resultado da adsorção de gás leva a uma diminuição da energia livre de superfície ΔG e a uma diminuição da entropia ΔS, porque quando a posição da partícula adsorvida na superfície é restringida, ela perde alguns graus de liberdade. Como resultado, obtém-se [27]: $\Delta G = \Delta H - T\Delta S$, em que ΔH é a variação de entalpia. A adsorção é sempre exotérmica, de modo que $\Delta H < 0$. O calor de adsorção $Q = -\Delta H$. A intensidade da adsorção de gases é normalmente tanto maior quanto mais forte for o meio químico entre o metal e o gás em interação. A adsorção consiste em duas fases: física e química. A primeira ocorre a temperaturas mais baixas e é devida a forças fracas de van der Waals. A adsorção química é precedida pela dissociação da molécula em átomos, que entram numa ligação química mais ou menos estreita com os átomos da superfície.

A diferença entre adsorção física e adsorção química é que no primeiro processo não há transferência de electrões das moléculas de gás para o adsorvente, enquanto a quimisorção está associada a uma redistribuição significativa de electrões entre as partículas adsorvidas (átomos) e o sólido. No entanto, quando se analisam dados experimentais, nem sempre é possível separar a adsorção física da adsorção química.

Ao mesmo tempo, podem ser dados os seguintes critérios para distinguir a adsorção física da adsorção química:

1. O calor de quimisorção é muito superior ao da adsorção física e aproxima-se do calor das reacções químicas. Assim, o calor de adsorção física do hidrogénio é geralmente inferior a 10 kJ/mol e o calor de quimisorção do hidrogénio é geralmente superior a 60 kJ/mol.

2.   A adsorção física de um gás é muito semelhante à sua condensação, pelo que ocorre apenas a temperaturas próximas ou inferiores ao ponto de ebulição do adsorvato a uma determinada pressão.

A transição de moléculas de gás do estado de adsorção física para o estado de quimisorção ocorre, em regra, apenas em centros activos, que são degraus, cantos, saliências e depressões na superfície do cristal, bem como defeitos de rede (vacâncias, deslocações, fronteiras de grão e subgrão), No estado de adsorção física, as moléculas movem-se livremente ao longo da superfície, enquanto na quimisorção os átomos adsorvidos (ou moléculas parcialmente dissociadas) podem ser móveis ou imóveis, dependendo da altura das barreiras potenciais e da temperatura.

A eficiência da quimisorção é caracterizada pelo coeficiente de aderência s, que é definido como o número de partículas quimisorvidas em relação às que colidem com a superfície. Assim, ao contrário do coeficiente de condensação α que reflecte a eficiência da adsorção física, o coeficiente de aderência s refere-se à quimisorção. O coeficiente de condensação α é próximo da unidade mesmo para sistemas com baixo calor de adsorção. Isto deve-se ao facto de apenas a colisão ser suficiente para a condensação das moléculas de gás através do mecanismo de adsorção física. Em contrapartida, o coeficiente de aderência é muito inferior à unidade ($\sim$0,1), uma vez que a quimisorção requer sítios adequados (centros de quimisorção livres).

Na quimisorção de hidrogénio em metais distinguem-se três tipos: *A* , *B* e *C* (Fig. 2.7)

[30]. O tipo de adsorção *C é observado* a baixas temperaturas (abaixo de -100 °C). Caracteriza-se por um calor de adsorção relativamente pequeno (21 - 63 kJ/mol). No entanto, não se trata de uma adsorção física porque o calor de adsorção do tipo *C é* superior ao que é considerado razoável para a adsorção física. A adsorção do tipo *A* é uma quimissorção forte típica com um calor bastante grande (Figura 2.7); é observada a temperaturas próximas da temperatura ambiente. A temperaturas mais elevadas, a adsorção do tipo *A é* substituída pela adsorção do tipo *B,* outro tipo de quimisorção forte. Os dois tipos de quimisorção forte de hidrogénio podem estar relacionados com a natureza diferente das partículas adsorvidas, viz: ^{+-}H 2 e H [31].

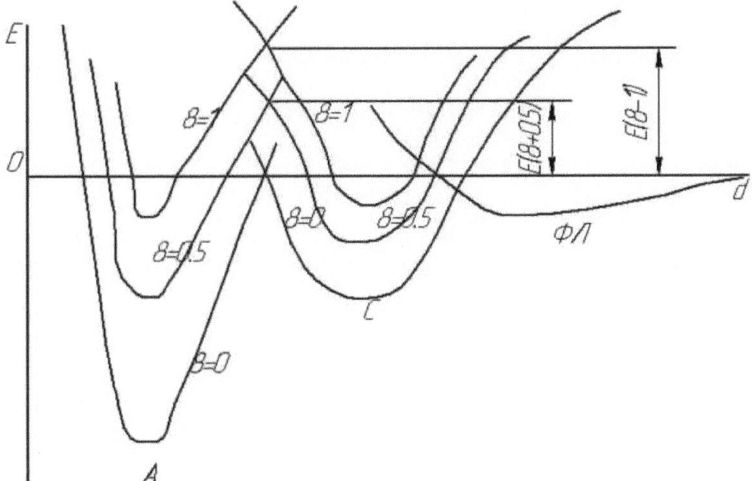

Fig. 2.7. Esquema da variação de energia na adsorção de hidrogénio no metal com o aumento do grau de cobertura 0 na adsorção de diferentes tipos (A,C,FA - adsorção física) [30].

2.7. Mobilidade difusional do hidrogénio em metais

Os mecanismos de difusão dos átomos incorporados dependem significativamente da temperatura, e o mecanismo de difusão do hidrogénio difere significativamente dos de outras impurezas incorporadas [24, 25]. Isto explica-se pelo facto de, após a ionização, os átomos de oxigénio e de azoto terem tamanhos comparáveis aos dos entrenós, enquanto o hidrogénio se encontra na rede como um quasion de protões protegido pelo gás. Além disso, a baixas temperaturas, uma contribuição significativa para a difusão do hidrogénio é dada por transições de tunelização de protões de um entrenó para outro [32].

O hidrogénio nos metais tem uma mobilidade de difusão invulgarmente grande. Mesmo a temperaturas inferiores à temperatura ambiente, é suficientemente grande para se redistribuir em volumes comparáveis à dimensão dos microgrãos. [1135]Å temperatura ambiente, o coeficiente de difusão do hidrogénio na ferrite é 1010 - 10 vezes superior ao do carbono e do azoto, e 10 vezes superior aos valores típicos dos coeficientes de difusão dos elementos de substituição.

A temperaturas próximas do zero absoluto, os átomos de hidrogénio não estão localizados na rede e formam estados de zona se não estiverem presos por defeitos na rede. A estas temperaturas, o movimento dos átomos de hidrogénio na rede faz-se por tunelamento coerente. Este é apenas um mecanismo teoricamente esperado: até agora não foi encontrado nenhum tunelamento coerente na difusão do hidrogénio em metais [32].

A temperaturas mais elevadas, os átomos de hidrogénio estão localizados num determinado entrenó ou perto dele e a difusão é realizada por saltos termicamente activados de átomos de um entrenó para outro. Um átomo pode saltar de uma posição de equilíbrio para outra por tunelamento ou como resultado da aquisição de energia adicional suficiente para ultrapassar a barreira potencial.

A temperaturas suficientemente elevadas, em especial nos metais o.c.c., os átomos de hidrogénio saltam tão frequentemente de uma posição de equilíbrio para outra que o tempo médio entre dois saltos consecutivos se torna comparável à duração da permanência do átomo de hidrogénio no interior do nó [32]. Nestas condições, não faz sentido distinguir entre estados de repouso e estados de salto. Neste caso, a difusão dos átomos de hidrogénio ocorre aproximadamente como num gás ou líquido denso. Este mecanismo de difusão de átomos de introdução é designado por difusão líquida [32]. Naturalmente, não há limites claros de temperatura em que um ou outro mecanismo de difusão opera.

Tudo o que precede aplica-se à difusão da impureza de introdução numa rede ideal. O coeficiente de difusão, que determina a velocidade deste processo, é designado por coeficiente de difusão verdadeiro ou de rede. No entanto, num metal real, existem imperfeições cristalinas: limites de grão e de fase, partículas de segunda fase, poros, que têm uma influência significativa nos processos de difusão. Esta influência pode ter um carácter duplo. Em primeiro lugar, as deslocações, os limites de grão e de fase e as partículas alongadas da segunda fase podem servir de caminhos de difusão preferencial devido a um coeficiente de difusão significativamente mais elevado em comparação com a estrutura do metal de base [33]. Em segundo lugar, as imperfeições podem ser colectores ou armadilhas para a impureza introduzida, devido à localização energeticamente favorável da impureza nas próprias imperfeições ou na rede distorcida perto delas. Dependendo da energia de ligação da impureza à armadilha, as armadilhas dividem-se em armadilhas irreversíveis, das quais a impureza praticamente não é libertada, e armadilhas reversíveis, das quais a impureza é libertada a uma concentração suficientemente baixa na solução sólida circundante. A eficiência das armadilhas aumenta significativamente com a diminuição da temperatura.

Em regra, os processos de difusão em metais reais tentam ser descritos por equações de difusão, nas quais é utilizado o coeficiente de difusão efetivo - um coeficiente que aproxima a influência média de armadilhas e caminhos de difusão preferencial no transporte difusivo de impurezas. Se essa aproximação se revelar demasiado grosseira, é necessário resolver o problema da difusão em material heterogéneo, modelando as armadilhas por fontes e sumidouros de impurezas, o que complica consideravelmente os cálculos.

Existem duas abordagens principais aos processos de difusão: cinética, baseada no cálculo das deslocações de átomos de impurezas em movimento caótico, e fenomenológica, baseada nas disposições da termodinâmica dos processos irreversíveis. Na maioria dos casos, ambas as abordagens dão resultados semelhantes, mas a abordagem fenomenológica é utilizada com muito mais frequência devido à maior simplicidade dos cálculos.

2.8. Processos e fenómenos responsáveis por facilitar a deformação e a fratura do metal no hidrogénio

O estudo dos fenómenos que ocorrem na interação do hidrogénio com o metal deformado é de grande interesse não só para a proteção dos metais contra as consequências indesejáveis destes processos, mas também para a utilização cientificamente justificada do efeito desta interação, a fim de obter o resultado positivo necessário. O conhecimento da essência física dos processos que ocorrem na interação do metal deformado com o hidrogénio e a criação de uma teoria deste fenómeno é uma tarefa urgente.

Da vasta gama de questões incluídas no problema discutido, as mais importantes são as questões do mecanismo de alteração das propriedades de deformação dos metais, principalmente do ferro e das suas ligas, na interação reversível com o hidrogénio.

Recentemente, a influência da essência deste mecanismo tornou-se ainda mais importante devido ao aparecimento de uma nova geração de POTS à base de polímeros com uma eficiência extraordinária, que está associada à influência do hidrogénio, que se forma na zona de processamento mecânico sob a influência de altas temperaturas devido a reacções pirolíticas dos componentes poliméricos dos POTS.

Os dados experimentais recentemente obtidos sobre o comportamento dos metais deformados em hidrogénio gasoso [34] à temperatura ambiente e à pressão atmosférica permitiram considerar este problema do ponto de vista da teoria físico-química da deformação e da fratura dos sólidos criada pelo académico P.A. Rebinder [35,36] e da "hipótese unificada" da fragilização pelo hidrogénio proposta por G.V. Karpenko [37,38].

A hipótese da alteração das propriedades deformacionais dos metais aqui proposta, em contraste com a bem conhecida hipótese da adsorção [39], baseia-se na redução local das forças de ligação interatómicas nos microvolumes mais sobrecarregados com ligações quebradas e não compensadas em resultado da quimisorção de hidrogénio. Devido à redução das forças de ligação interatómicas, o seu rearranjo e rutura são facilitados. A alteração de certas propriedades do metal como resultado da sua formação em interação com o hidrogénio é predeterminada pelo grau de heterogeneidade das propriedades de deformação dos seus microvolumes, tipo de estado de tensão, taxa de deformação, especificidade da dependência da temperatura da adsorção de hidrogénio no metal e carácter seletivo da quimisorção.

Na teoria físico-química da deformação e da fratura dos sólidos, existe uma regra semi-empírica de Rebinder-Shukin-Lichtman, segundo a qual um tensioativo deve ter: a) uma solubilidade limitada mas finita; b) uma mobilidade suficiente; c) uma certa afinidade por um determinado sólido. A ausência total de solubilidade indica uma afinidade química insignificante e, com uma solubilidade elevada, a migração superficial dos átomos, responsável pela redução da energia de superfície, será inibida por uma difusão intensiva no interior do sólido.

O sistema ferro-hidrogénio preenche completamente todos os pontos desta regra. A verdadeira solubilidade do hidrogénio na rede cristalina do ferro (concentração de equilíbrio) à temperatura ambiente e à pressão normal é de apenas 5 - $^{-8}10$ % em peso [40]. A solubilidade especificada

difere do total, que inclui o hidrogénio libertado sob a forma de formas em excesso de vários defeitos e imperfeições na estrutura metálica.

O tamanho do átomo de hidrogénio é mínimo, pelo que o hidrogénio penetra facilmente em sub-defeitos da estrutura. $^{-72}$O coeficiente de difusão total, que reflecte em condições normais a taxa de penetração principalmente ao longo dos limites dos grãos, é bastante elevado (10 *cm/seg.*), o que indica a grande mobilidade do hidrogénio. Devido à estrutura eletrónica específica do átomo, o hidrogénio tem propriedades metálicas, o que explica a sua afinidade com os metais. Assim, a baixa solubilidade, a elevada mobilidade e a afinidade com os metais permitem caraterizar o hidrogénio como o tensioativo mais eficaz em relação aos metais.

A energia de ligação entre o hidrogénio e os átomos de ferro é igual à soma da energia de dissociação das moléculas (104 *kcal/mol*) e do calor de quimisorção (32 *kcal/mol*), ou seja, 136 kcal/mol. Com uma energia de ligação tão elevada, o hidrogénio quimisorvido reduz as forças de ligação dos átomos metálicos, como evidenciado pelo aumento experimentalmente observado no parâmetro de rede [41, 42], bem como a quebra de ligações metálicas e a formação de ligações covalentes [43].

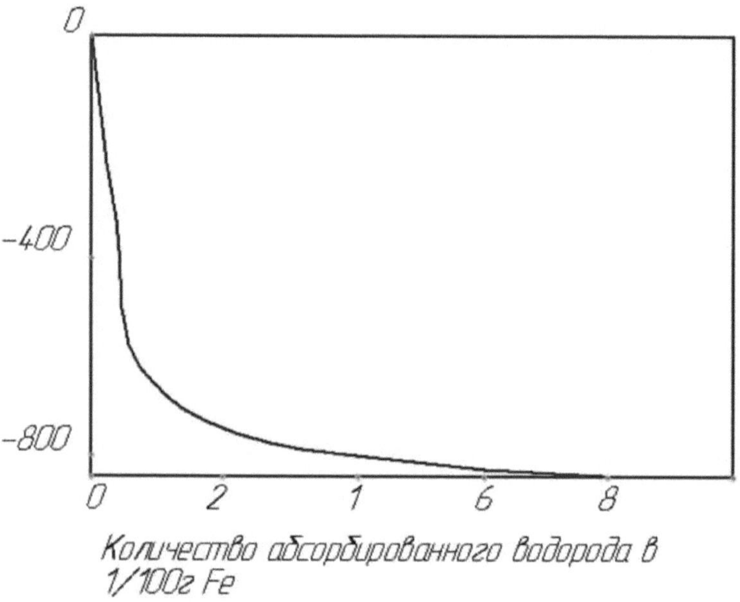

Figura 2.8. Diminuição da energia de superfície do ferro causada pela adsorção de hidrogénio a 20°C [11]

No entanto, no caso da adsorção, os somatórios desta soma não podem ser considerados como variáveis independentes. Numerosos estudos de P. A. Rebinder e da sua escola [35, 36, 45, 46] mostraram que uma diminuição da energia de superfície devido à adsorção facilita a deformação plástica, ou seja, reduz o trabalho de deformação plástica. $_{00}$Consequentemente, na relação acima, o trabalho de deformação plástica p = p (γ) e em $\gamma \to 0$ o valor de p também tende para zero [47].

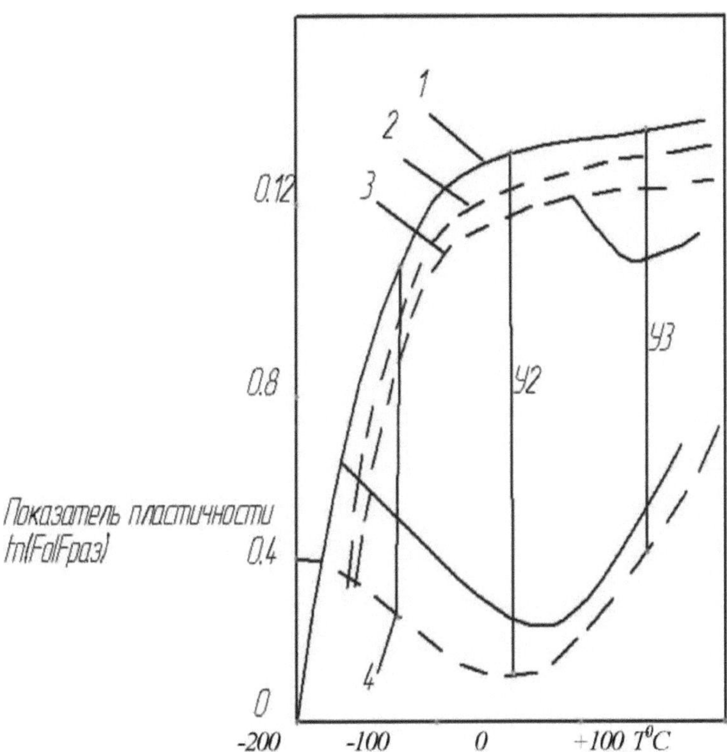

Fig. 2.9. [4]Dependência dos índices de plasticidade do aço de baixo carbono com a temperatura e a taxa de deformação [30]; 1, 2, 3 - amostras não saturadas com hidrogénio; II, III - amostras saturadas catodicamente com hidrogénio; taxa de deformação 5% /min (1, 1), 10 %/min. [5](2, II), 5 - 10 %/min (3, III); 4 - curva teórica da alteração do índice de plasticidade do ferro e das suas ligas sob a influência do hidrogénio sob a condição de comensurabilidade da taxa de deformação com a taxa de quimisorção e migração.

₀₀₀₀Nesta abordagem à natureza física do fenómeno, φ revela-se um múltiplo de Y , ou seja, uma diminuição de γ na presença de um elemento ativo de adsorção conduz a uma diminuição proporcional de F Assim, uma diminuição da energia de superfície pode afetar significativamente o trabalho global de destruição.

Sabe-se que o efeito do hidrogénio no crescimento de fendas no aço temperado e revenido é essencialmente o mesmo quando exposto ao hidrogénio gasoso, ao hidrogénio produzido durante a corrosão sob tensão e ao hidrogénio libertado durante a eletrólise no metal antes ou no momento do ensaio [48]. Por conseguinte, ao considerarmos o mecanismo da influência do hidrogénio nas propriedades mecânicas, centraremos a nossa atenção não em casos especiais, mas em padrões gerais, sem fazer distinções entre as fontes de hidrogénio.

A natureza complexa da dependência das propriedades mecânicas dos metais que interagem com o hidrogénio em relação à temperatura da taxa de deformação é bem conhecida. A uma taxa de deformação constante, o hidrogénio reduz intensamente os índices de plasticidade (bem como outras propriedades deformativas) apenas numa determinada gama de temperaturas, ou seja, observa-se um mínimo na curva de dependência da temperatura (Fig. 3.9) [49]. medida que a taxa de deformação diminui, o grau de alteração das propriedades mecânicas aumenta e o mínimo desloca-se para temperaturas mais baixas. A explicação destas dependências temperatura-velocidade observadas experimentalmente é um critério para avaliar a validade de uma hipótese relativa aos fenómenos que ocorrem na interação do metal com o hidrogénio.

Sabe-se [50] que a adsorção física e química diminui com o aumento da temperatura, mas a transição da primeira para a segunda é acompanhada por um aumento da quantidade de gás adsorvido pela superfície do metal; como resultado, aparece um máximo na isóbara de adsorção numa certa gama de temperaturas caraterística do metal (Fig. 2.9). Foi previamente demonstrado [51] que as maiores alterações nas propriedades mecânicas do metal ocorrem precisamente neste intervalo de temperatura correspondente ao máximo na isóbara de adsorção.

De acordo com a hipótese considerada, a eficácia da ação do hidrogénio nas propriedades mecânicas é determinada pela taxa de migração dos átomos adsorvidos para os microvolumes das regiões de cisalhamento local do metal deformado e pela quantidade de gás quimisorvido a uma dada temperatura. Em qualquer temperatura de ensaio, a eficácia do hidrogénio diminui com o aumento da taxa de deformação. Isto deve-se ao facto de, a uma dada temperatura, as taxas de quimisorção e migração do hidrogénio serem constantes, pelo que, à medida que a taxa de deformação aumenta, tanto a quantidade total como a profundidade da penetração do hidrogénio ao longo dos planos de deslizamento facilitado diminuem.

A isóbara de adsorção mostra que a quantidade de gás quimisorvido aumenta com o aumento da temperatura (no intervalo de transição da adsorção física para a adsorção química). No entanto, quando a quimisorção máxima é atingida, a quantidade total de gás quimisorvido diminui com o aumento da temperatura. Se a taxa de deformação fosse proporcional à taxa de quimisorção e migração superficial, a eficiência da ação do hidrogénio a qualquer temperatura seria determinada apenas pela quantidade de gás quimisorvido. Na preservação de tal comensurabilidade, a curva de dependência da temperatura das propriedades de resistência do metal que interage com o hidrogénio espelharia a isóbara de adsorção (Fig. 3.9, curva 4). A eficiência máxima da influência do hidrogénio encontrada a uma taxa de deformação constante (Fig. 3.9) deve-se à combinação óptima, a esta temperatura, da quantidade de gás quimisorvido por unidade de tempo (ou seja, taxa de quimisorção, taxa de migração e determinada taxa de deformação, ver Y_1, Y_2 e Y_3 na Fig. 2.9 e Fig. 2.10).

A ação das forças externas, sempre com o objetivo de quebrar as ligações interatómicas existentes no metal, é contrariada pela capacidade do metal de resistir à mudança de forma (resistência) e pela capacidade de restaurar as ligações quebradas, enquanto muda a forma (ductilidade). A redução das forças das ligações interatómicas devido à quimisorção de hidrogénio facilitará tanto a sua rutura como o seu rearranjo, ou seja, reduzirá a resistência e aumentará a ductilidade.

Dependendo das condições, do tipo de deformação e das propriedades mecânicas do metal, a rutura irreversível das ligações interatómicas prevalecerá ou

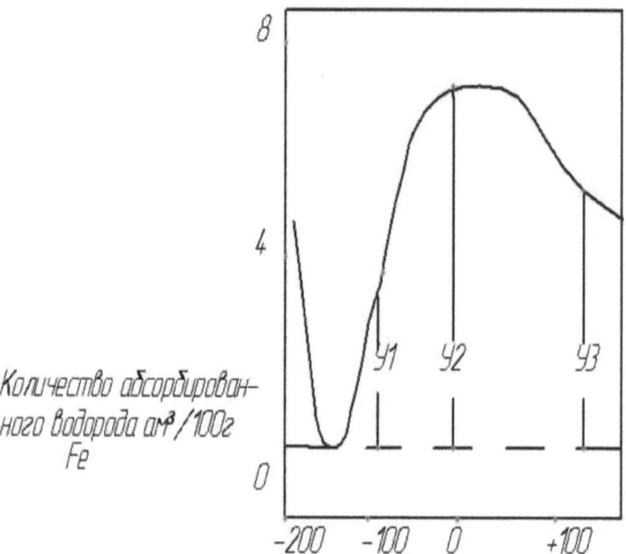

Fig. 2.10 Isóbaros de adsorção de hidrogénio no ferro (esquema) [50]

rearranjo das ligações, pelo que a influência do hidrogénio pode manifestar-se de várias formas.

No metal, a fratura por tração é sempre precedida de deformação plástica, que prepara o núcleo da fenda. No metal policristalino, que é um sistema heterogéneo, a deformação plástica localiza-se nos microvolumes mais sobrecarregados. Devido à redução da energia de superfície pelo hidrogénio quimisorvido, o fluxo plástico nestes microvolumes começa em tensões mais baixas, o que é a razão para a diminuição das tensões de cedência superior [52,53] e inferior [54, 55] observadas em tensões de tração saturadas.

pelo hidrogénio do ferro. Neste caso, penetrando na região de localização do cisalhamento ao longo de submicrodefeitos em planos de deslizamento, o hidrogénio facilita a rutura das ligações interatómicas sob a ação de tensões normais, o que provoca o aparecimento de fissuras [56] e o seu desenvolvimento a tensões mais baixas [57, 58]. Em última análise, esta localização da fratura devido, como se verá adiante, à quimisorção selectiva, conduz à quase fragilidade ao longo dos planos de deslizamento ou à fratura intergranular [59] e a uma diminuição da contração relativa [37] da amostra deformada.

Se o metal for deformado em condições que impeçam o fluxo plástico (após tratamento térmico ou sob tensão), então, na presença de hidrogénio, o trabalho despendido no alongamento elástico pode ser suficiente para quebrar as ligações interatómicas nas pontas das fissuras [58]. Se, no entanto, a deformação for realizada em condições que restrinjam a formação de novos planos de separação do metal (fratura), por exemplo, sob a ação de tensões compressivas, então a redução das forças interatómicas facilitará o rearranjo dos átomos (ou seja, a mudança de forma) sob a ação de forças externas. Neste caso, a adsorção de hidrogénio favorecerá a deformação plástica devido à redução da barreira de potencial superficial, facilitando a saída de deslocamentos para a superfície, a nucleação e a geração de fontes subsuperficiais. Isto facilita o movimento das deslocações e aumenta a sua densidade, resultando num endurecimento por deformação mais intenso.

Assim, o resultado final da deformação do ferro e das suas ligas na presença de hidrogénio depende das condições específicas de deformação e pode ser diferente ou mesmo oposto.

A diversidade dos efeitos observados durante a deformação do metal que interage com o hidrogénio deve-se não só às condições de deformação, mas também a algumas características da adsorção do gás no metal. Devido à heterogeneidade do metal, a adsorção de hidrogénio na sua superfície ocorre de forma selectiva, principalmente em locais com energia livre máxima, ou seja, em defeitos na estrutura, em locais de saída de deslocações, fronteiras intergranulares, em planos de deslizamento, perto de inclusões, etc. A atividade de adsorção do metal aumenta com o aumento do número de defeitos formados durante a deformação e que desempenham o papel de centros activos. A presença de defeitos no metal leva a que a deformação e a fratura, facilitadas pela adsorção de hidrogénio, estejam localizadas em determinados micro e submicro-volumes. Por sua vez, isto provoca uma localização muito intensa da adsorção em submicro-volumes, o que acaba por conduzir, sob tensões de tração, a uma fratura quase-frágil (redução da contração e do alongamento relativos) com custos energéticos muito mais baixos. Se o número de defeitos for pequeno e a estrutura do metal for próxima da de um cristal ideal, a adsorção de hidrogénio não é acompanhada de alterações significativas nas propriedades mecânicas do metal. O hidrogénio não provoca a fratura quase-frágil dos monocristais de ferro [60-62] e do ferro fundido por zonas [63]. Isto deve-se à atividade estacionária insignificante do metal e à homogeneidade das propriedades de deformação dos seus microvolumes, o que dificulta a localização da deformação. Por outro lado, um metal que contenha um número muito elevado de defeitos, embora tenha uma atividade de adsorção aumentada, é mais homogéneo nas suas propriedades de adsorção e deformação [31]. Neste caso, ao deformar o metal na presença de hidrogénio, a tensão é distribuída de forma mais uniforme pelo volume e pode contribuir para aumentar a reserva de plasticidade do metal.

Quando o hidrogénio interage com o metal deformado em determinadas condições específicas, ocorrem vários processos relacionados: formação de colectores, interação do hidrogénio com impurezas e inclusões, formação de novas fases (hidretos), etc., em resultado dos quais surgem tensões internas no metal, formação de descontinuidades, etc. Estes processos também têm um efeito significativo nas propriedades de deformação do metal (por exemplo, a descarbonetação a altas temperaturas irá predeterminar a alteração das propriedades mecânicas). No entanto, o principal em todos os casos é o ato de adsorção, que altera drasticamente as propriedades de deformação do metal, mesmo na ausência de processos concomitantes. Por conseguinte, a principal atenção neste trabalho centra-se precisamente nas alterações que ocorrem em resultado da interação interatómica do hidrogénio quimisorvido com a matriz metálica.

A análise do fenómeno considerado a partir das posições da teoria físico-química da deformação e da fratura permite definir formas de proteção do metal nos casos em que a interação do hidrogénio com o metal leva a consequências negativas, e formas de utilizar esta interação para obter efeitos positivos numa série de tecnologias industriais e em condições operacionais.

O hidrogénio é adsorvido em todos os metais e, dependendo da magnitude das forças de ligação interatómicas resultantes, afecta as propriedades mecânicas em maior ou menor grau. Por conseguinte, a proteção dos metais através do seu revestimento com outros metais mais resistentes ao hidrogénio é uma meia medida.

Os mais promissores para a proteção do metal exposto a tensões de tração cíclicas ou estáticas são os revestimentos de polímeros elásticos que impedem o contacto do hidrogénio com as superfícies metálicas jovens [64, 65] e, a temperaturas mais elevadas, as películas de óxidos especiais [66] criadas sobre o metal por uma determinada tecnologia. Uma reserva significativa para aumentar a capacidade de serviço em ambientes contendo hidrogénio é a redução da contaminação do metal com inclusões não metálicas (especialmente sulfuretos, aluminossilicatos de cadeia, óxidos de alumina, etc.). [64], bem como a utilização de diversos tratamentos que homogeneizam as propriedades deformantes dos microvolumes metálicos (rebitagem, pré-deformação, tratamento termomecânico, etc.) [64-71].

O mecanismo proposto permite-nos também justificar fenomenologicamente a possibilidade de utilizar o hidrogénio como meio tecnológico que facilita a deformação e a fratura.

Os resultados dos estudos realizados mostraram que, durante a deformação por compressão (laminagem de rolos, granalhagem e outros tipos de rebitagem), a redução das forças de ligação interatómicas na camada próxima da superfície devido à quimissorção de hidrogénio facilita o fluxo plástico e conduz a um endurecimento mais intenso. Foi estabelecido experimentalmente que, durante o tratamento de pressão de metais (laminagem a frio, calibragem, etc.) utilizando o hidrogénio como meio de processo, a força de deformação é significativamente reduzida e a classe de limpeza da superfície do metal aumenta [72]. Resultados semelhantes foram obtidos no tratamento de corte de metais [73]. Em todos os tipos de maquinagem, a presença de hidrogénio (libertado de uma forma ou de outra) na zona de contacto metal-ferramenta é necessária para obter um efeito positivo. [73,74].

Desde a descoberta por P. A. Rebinder do efeito de facilitação da adsorção na deformação e fratura dos sólidos, foi acumulada uma enorme quantidade de material experimental sobre as alterações nas propriedades de deformação dos metais em vários meios orgânicos tensioactivos. Foi estabelecido [73] que estas alterações são proporcionais ao peso molecular, ou seja, ao número de átomos de carbono na molécula do composto orgânico tensioativo. Nos capítulos anteriores do trabalho, foram apresentados factos experimentais que indicam que a eficácia dos tensioactivos baseados em compostos de elevado peso molecular se explica pelo facto de a destruição térmica da base polimérica dos tensioactivos conduzir, na fase final, à formação de hidrogénio na forma ativa e à sua influência no processo de deformação e destruição do metal, ou seja, na formação da camada cisalhada.

Em termos da hipótese considerada de facilitação da formação e fratura pelo hidrogénio, este facto é de considerável interesse científico e prático, uma vez que é possível fundamentar cientificamente a questão da criação e seleção de lubrificantes e fluidos de lubrificação e refrigeração, orientada pela sua capacidade de desidrogenação em condições específicas de funcionamento ou processamento de peças de máquinas. Além disso, explica-se a regularidade observada da influência crescente dos compostos orgânicos nas propriedades de deformação do metal com o aumento do seu peso molecular.

Ao criar e selecionar lubrificantes para unidades de fricção, a capacidade de desidrogenação dos compostos orgânicos é de especial importância. Foi estabelecido experimentalmente que a libertação de hidrogénio na superfície de fricção contribui para um trabalho mais rápido das peças, elimina a formação de marcas sob sobrecarga e reduz o coeficiente de fricção quase 2 vezes. A hipótese considerada também explica os fenómenos de coeficiente de atrito anormalmente baixo após a irradiação de radiação do par de atrito metal-polímero [74], bem como o fenómeno de transferência selectiva de massa, que é observado na introdução de aditivos tensioactivos [75] que servem como fonte de hidrogénio.

A análise de toda a variedade de efeitos causados pela interação do hidrogénio e dos meios contendo hidrogénio com o metal deformado, realizada do ponto de vista da teoria físico-química da deformação e da fratura, permitiu encontrar uma explicação não só para os factos estabelecidos, mas também apresentar novas propostas em aspectos científicos e práticos.

Os resultados da investigação acima apresentados confirmam a fecundidade da hipótese considerada.

Assim, a essência do fenómeno considerado pode ser brevemente formulada da seguinte forma: foi descoberto experimentalmente que, nos processos de deformação de metais em contacto com o hidrogénio, que é libertado de meios contendo hidrogénio devido à desidrogenação das suas moléculas, existe um fenómeno de facilitação da formação e destruição do hidrogénio, que consiste no facto de o hidrogénio, quimicamente absorvido em superfícies externas e internas activadas por deformação, enfraquecer as ligações interatómicas do metal, facilitando a sua rutura e rearranjo; dependendo das condições de deformação dos metais em meios contendo hidrogénio. Este fenómeno tem sido observado em numerosas condições de funcionamento e processos tecnológicos durante a maquinagem de metais em meios contendo hidrogénio.

Capítulo III

Processos de adsorção de elementos químicos, incluídos na composição do SOTS, no metal tratado.

3.1 Adsorção de produtos de pirólise de COTC

3.1.1 Adsorção na interface

O corte de aços e ligas é considerado um processo de deformação plástica predominante [76]. O regime térmico e as cargas específicas nas superfícies de trabalho da ferramenta e, consequentemente, a intensidade e a natureza do seu desgaste dependem da deformação plástica. A natureza da deformação plástica e o mecanismo de endurecimento por deformação determinam a precisão da maquinagem, a rugosidade e a qualidade da camada superficial da peça maquinada. Por conseguinte, para reduzir substancialmente os custos de energia e de força na maquinagem de metais, é necessário utilizar SOTS, que, para além das funções de lubrificação e de arrefecimento, influenciariam o valor dos custos de energia, ou seja, o trabalho de deformação plástica. No entanto, os princípios fundamentais subjacentes aos fluidos de refrigeração nacionais e estrangeiros atualmente desenvolvidos [77-79] visam principalmente resolver o problema do aumento das suas propriedades antifricção, assegurando com a sua ajuda a redução da temperatura na zona de processamento mecânico. Estes indicadores das propriedades dos fluidos tecnológicos, embora importantes, não resolvem a tarefa principal - redução dos custos de energia e potência do processo de maquinagem. Deve-se notar que uma certa influência na facilitação do processo de fratura é exercida por meio de efeitos reversíveis como resultado da adsorção de componentes de baixo peso molecular. No entanto, o efeito complexo destes componentes incluídos na composição dos refrigerantes modernos no processo de tratamento mecânico de sólidos ainda não é significativo e não fornece um alto nível de requisitos para esses líquidos.

Os dados apresentados no parágrafo anterior indicam que os produtos de baixo peso molecular formados como resultado da despolimerização da cadeia macromolecular do polímero na zona de tratamento mecânico são principalmente de composição hidrocarbonada. Consequentemente, são estes meios que influenciam mais significativamente o processo de deformação plástica, reduzindo significativamente os custos de energia durante o tratamento mecânico de metais em SOTS contendo polímeros (Fig. 3.1).

A influência dos meios de hidrocarbonetos de baixo peso molecular no processo de deformação plástica do metal é efectuada através da sua superfície, por adsorção física ou química. Neste contexto, apresentam-se a seguir os resultados do estudo da superfície de adsorção dos produtos activos da pirólise do componente polimérico do SOTS na superfície metálica tratada por corte ou OMD.

Na superfície do aço 45 após o torneamento ao ar, observa-se uma grande concentração de átomos de oxigénio (Fig.3.1.), o que evidencia processos oxidativos intensivos no ferro iniciados pela alta temperatura na zona de maquinagem. Além disso, foi encontrado um elevado teor de carbono na superfície da amostra. A elevada concentração de oxigénio na camada superficial do aço maquinado ao ar deve-se ao facto de o meio de ar penetrar no espaço entre a superfície de corte e a superfície posterior principal da ferramenta. O oxigénio do ar oxida continuamente a fina camada superficial do material da ferramenta e a superfície de corte. Quanto ao carbono encontrado na superfície maquinada, a elevada concentração atómica é atribuída ao facto de, durante o processo de corte, haver uma transferência difusiva contínua e dirigida de carbono da camada limite da lâmina da ferramenta para a camada de contacto do material maquinado [80]. A uma profundidade de cerca de 20 nm, a concentração atómica dos elementos químicos no aço é diferente - os sinais de carbono praticamente desaparecem.

Os sinais do carbono e do oxigénio praticamente desaparecem, e a concentração
atómica destes elementos está ao nível caraterístico das camadas profundas do aço 45.

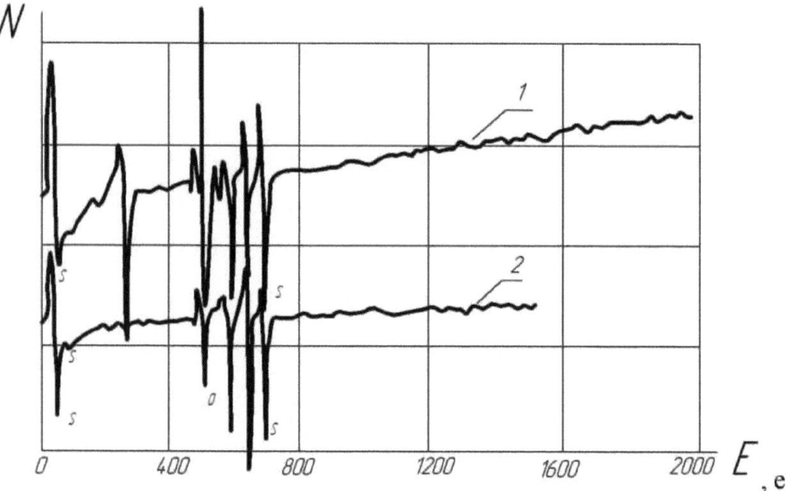

Fig.3.1 Espectros OLE obtidos da superfície do aço 45 após torneamento em ar: 1 - superfície; 2 - a
uma profundidade de 20 nm. $^{-1}$Cortador VK - 6; modo de corte: n = 8,3 s , t = 0,8, S = 0,1 mm/rev.
HRC 42...45. HRC 42...45. As amostras após o processamento foram sujeitas a limpeza ultra-sónica
durante 7 min e secagem em atmosfera inerte a 125°C durante 30 min.

Quando o mesmo aço é transformado em água da torneira, são encontrados vestígios
de S e Cl na superfície da amostra, ao contrário dos processados ao ar, e a concentração
de oxigénio diminui (Fig.3.2.). Isto parece dever-se à adsorção de Cl e S da água que
contém estes elementos químicos e à interação química do oxigénio dissolvido na água
com o ferro. Dado que a concentração de oxigénio atómico na água é muito inferior à
do ar, o seu teor na superfície do metal tratado é também inferior. A distribuição dos
elementos químicos no volume do material coincide completamente com o primeiro
caso considerado, quando o material foi tratado no ar.

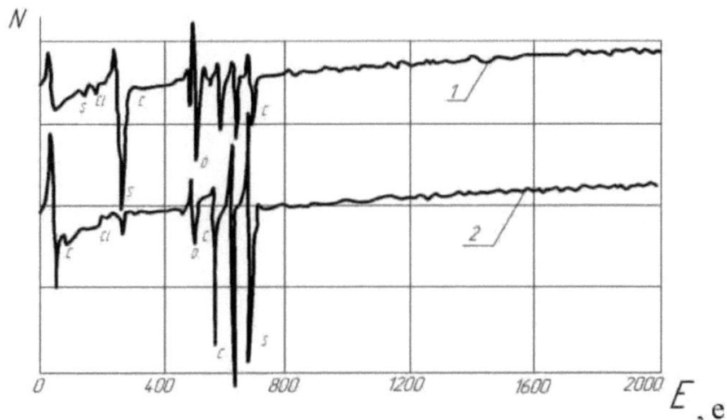

Fig. 3.2. Espectros OLE - obtidos da superfície de amostras de aço 45 depois de terem sido transformadas em água: 1 - superfície; 2 - a uma profundidade de 20 nm.

Quando se adiciona PVC à água (3% em resíduo seco), o espetrómetro OGE regista o sinal do elemento S, tal como para a água, sinais fortes característicos de C1 e C, sinal fraco de O e praticamente nenhum sinal de Fe (Fig.3.3.). A elevada concentração de C1 e C na superfície da amostra indica a despolimerização da macro-cadeia polimérica pelo mecanismo descrito no parágrafo anterior. A ausência praticamente total de películas de óxido na superfície confirma o facto de que os compostos de hidrogénio e hidrocarbonetos formados durante a despolimerização da macro-cadeia ligam completamente o oxigénio, ou seja, funcionam como um meio redutor.

Assim, forma-se na superfície do aço uma camada, com cerca de 20 nm de espessura, constituída por elementos C1 e C, produtos de despolimerização das macro-cadeias poliméricas.

Ao gravar a camada adsorvida, o sinal de C1 desaparece, a concentração de C diminui, a concentração de O permanece a mesma que na superfície e o sinal de Fe aparece. É de notar que, quando o aço é tratado com o emulsol comercial ET-2, os mesmos elementos químicos e na mesma concentração que na água da torneira são adsorvidos na superfície tratada (Fig. 3.4). Daqui decorrem duas conclusões importantes: a eficiência observada do emulsol ET-2 não está relacionada com a decomposição dos elementos nele contidos e a adsorção destes elementos é reversível, ou seja, neste caso, há uma adsorção física dos componentes do emulsol.

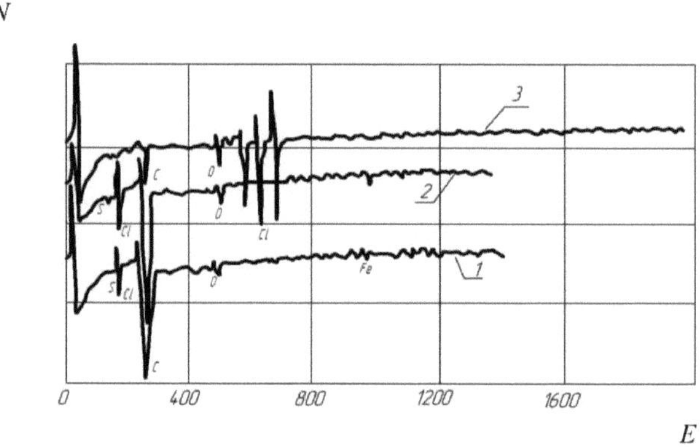

Figura 3.3. OLE - espectros tirados da superfície do aço 45 depois de ter sido virado em água com PVC:

1, 2 - à superfície, 3 - a uma profundidade de 20 nm

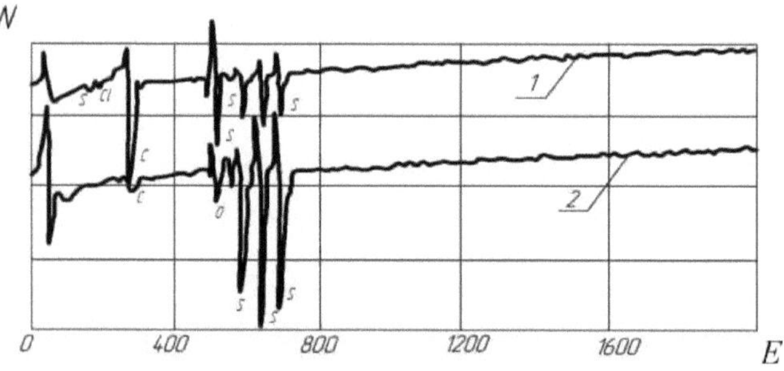

Fig.3.4 Espectros OLE obtidos da superfície do aço 45 depois de fluir no emulsol ET-2: 1 superfície; 2 - a uma profundidade de 20 nm.

Na superfície de amostras de metais tecnicamente puros, encontra-se uma grande concentração de carbono (até 60-80 at. %), dependendo fracamente da natureza do líquido utilizado durante o processamento e do tipo de metal processado (Fig.3.5).

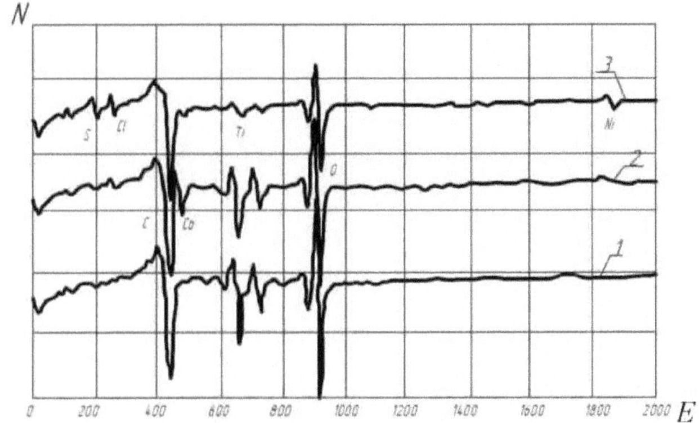

Fig. 3.5. Espectros OLE obtidos da superfície de titânio tecnicamente puro após escoamento: 1 - no ar; 2 - em água; 3 - na mesma água com PVC (3% em resíduo seco).

A figura 3.5 mostra apenas os espectros OLE do Ti, uma vez que os espectros dos outros metais estudados Ni, A1, Co, Si, Cg são qualitativamente semelhantes e diferem apenas no teor de oxigénio.

O enriquecimento significativo da superfície das amostras de titânio com carbono é explicado, tal como no caso do aço, pela transferência por difusão dirigida do carbono da camada superficial da ferramenta para o metal processado em contacto com ela.

Na superfície das amostras de metal puro, observam-se diferentes teores de oxigénio, desde 5 at.% para o Ni e o Cr, até 30-50 at.% para o Ti, o que pode ser explicado pela diferente atividade química destes metais em relação ao oxigénio.

Os estudos realizados mostram que a eficiência dos refrigerantes comercialmente disponíveis e dos meios tecnológicos investigados é condicionada principalmente por processos físicos que se desenvolvem entre a superfície de contacto da fresa e a peça de trabalho, e no tratamento de pressão do metal - entre a superfície de contacto da ferramenta de formação e a superfície deformada. No entanto, durante a maquinagem em meios contendo substâncias de elevado peso molecular, ocorre um complexo mais complexo de transformações termomecânicas da macro-cadeia polimérica com a formação de vários produtos quimicamente activos, principalmente de composição hidrocarbonada [80]. Estes produtos, quimisorvidos na superfície do metal tratado, contribuem para a redução da sua energia superficial, facilitando, de acordo com o efeito Rebinder, os processos de deformação e destruição, bem como a formação de uma "pilha" na superfície do material constituída por fragmentos da macro-cadeia polimérica, provocando uma diminuição do coeficiente de atrito. Além disso, devido a uma ligação mais forte "metal-macroradical", a probabilidade de penetração de macroradicais diretamente na zona de contacto "peça de trabalho - lâmina da ferramenta" aumenta.

A despolimerização das macrocadeias para formar produtos gasosos, líquidos e sólidos de baixo peso molecular origina os seguintes processos:

1. A redução da concentração de oxigénio na zona de corte durante o torneamento ou na zona de deformação durante a conformação do metal cria condições para que as ferramentas de corte ou de conformação trabalhem numa atmosfera redutora, o que é conhecido por aumentar a sua resistência ao desgaste.

2. [23]Adsorção de HC1, formado pela interação de hidrogénio e cloro, e exposição do ácido à superfície do aço para formar o sal não confinado $FeCl$, e quando oxidado, $FeCl$. [23] O ponto de fusão destes sais é baixo e não excede 672°C e 309°C para $FeCl$ e $FeCl$, respetivamente. Por conseguinte, durante a maquinagem, em que a temperatura na zona de corte é muito superior ao ponto de fusão dos sais inorgânicos, estes fundem-se formando películas com baixa resistência ao cisalhamento, o que reduz o coeficiente de atrito.

3. [22]Adsorção do hidrogénio atómico formado na sequência da despolimerização da macro-cadeia polimérica e após interação com a superfície tratada pela reação $Fe +$ $2NS1 = FeCl + H$, seguida de dissociação. A ação sobre o metal do hidrogénio adsorvido na sua superfície é extremamente diversificada e o mecanismo da sua influência não é completamente claro. No entanto, em todos os casos considerados, facilita os processos de deformação e de fratura.

4. Adsorção de outros elementos químicos que são ou podem ser especificamente introduzidos (por exemplo, por modificação) na composição das macromoléculas e principalmente C, H, P, S, etc. Estas substâncias adsorvidas podem desempenhar várias funções. Por exemplo, para separar diretamente as superfícies de fricção (carbono),

para separar as superfícies de fricção após a formação de compostos químicos com o ferro.

5.   Processos de difusão de todos os elementos químicos adsorvidos na superfície do material tratado, com alterações das suas propriedades físicas e mecânicas.

Assim, o tratamento mecânico do aço e das ligas (por corte ou por pressão (OMD) em SOTS poliméricos é efectuado sob a influência complexa e diversificada de vários elementos e compostos químicos, cuja combinação é determinada pela composição química da macro-cadeia polimérica, pelas condições de despolimerização, pela atividade catalítica da superfície do material tratado e pelas suas propriedades. A variedade de manifestações possíveis de fenómenos e processos leva a uma diferença significativa entre o mecanismo de corte de metais e o tratamento por pressão em meios baseados em polímeros e SOTS baseados em componentes de baixo peso molecular.

3.1.2 Adsorção localizada na camada molecular do metal deformado

Sabe-se que, em geral, o efeito da temperatura elevada e das cargas mecânicas sobre o polímero pode provocar uma alteração da composição química dos componentes poliméricos do componente polimérico do SOTS (ou do meio modelo), uma alteração da multiplicidade das ligações, o rearranjo dos átomos da macromolécula, o aparecimento de novos grupos funcionais e, a temperaturas mais elevadas, a despolimerização. Os produtos formados são adsorvidos quimicamente, interagindo com a superfície juvenil cataliticamente ativa do metal plasticamente deformado. Estes processos e fenómenos impõem uma imagem do mecanismo de corte ou de deformação plástica do metal. Ao mesmo tempo, a influência do componente polimérico do MRC no processo de maquinagem não termina aqui. É necessário supor também uma possível difusão dos produtos de despolimerização no volume dos corpos em contacto através da sua interação com a estrutura eletricamente ativa do metal, o que leva à alteração da energia necessária para a formação de uma nova superfície. No entanto, até à data não há confirmação experimental desta proposta.

Este ponto analisa os resultados de estudos sobre a possível alteração da composição química do volume do material após o seu processamento mecânico em diferentes meios.

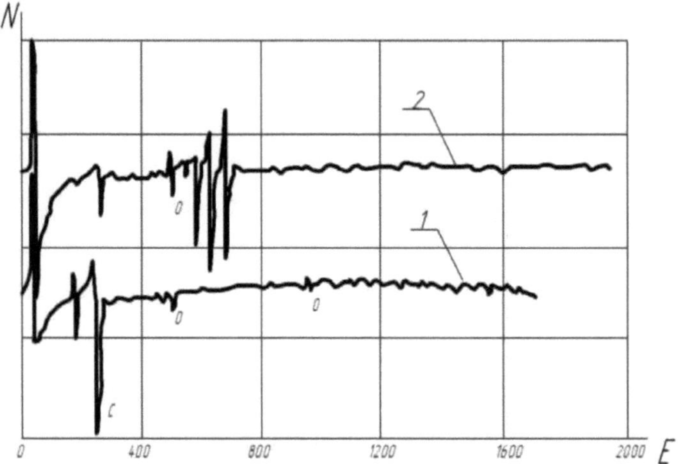

Fig. 3.6. Espectros OLE obtidos da superfície do aço 45 após torneamento em SOTS contendo polímero: 1 - na superfície; 2 - a uma profundidade de 100nm.

A análise por espetroscopia eletrónica de oxigénio de amostras de aço 45 e de metais puros N1, Co, Si, Ni, Mo mostrou que o tratamento em composições contendo polímeros leva à penetração de cloro na amostra e a uma profundidade considerável de uma grande quantidade de carbono. Quanto ao oxigénio, a sua concentração não excede 12 at. % perto da superfície, e a uma profundidade de 100 nm diminui para o nível de fundo (Fig. 3.6.).

Para clarificar a influência do tratamento mecânico em diferentes SOTS na distribuição da composição elementar na camada próxima da superfície do metal, comparam-se na Fig. 3.7 as curvas para diferentes amostras que caracterizam as alterações nas concentrações de O e C à profundidade da superfície maquinada. 3.7. Comparam-se as curvas de diferentes amostras que caracterizam as alterações das concentrações de O e C em profundidade a partir da superfície maquinada. Comparando os perfis para diferentes composições, é possível traçar que a composição dos elementos difusores, a quantidade e a profundidade da sua penetração e o material tratado dependem significativamente do tipo de ambiente utilizado para o tratamento. Assim, quando as amostras são tratadas em atmosfera de ar, o carbono é fixado apenas na superfície (aproximadamente 40 at. %) e a sua concentração diminui drasticamente para o nível de fundo a uma profundidade de aproximadamente 10 nm (Fig. 3.8). Na superfície das amostras tratadas com emulsol ET-2 e meio contendo polímero, existe uma elevada concentração de carbono (mais de 80 at. %) e praticamente nenhum ferro (detectado apenas ao nível de fundo).

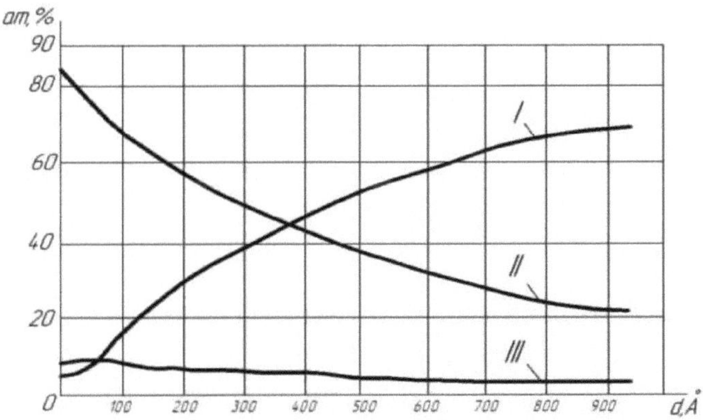

Fig. 3.7. Distribuição dos elementos na camada superficial do aço de torneamento de topo 45 em SOTS contendo polímeros: 1 - ferro; 2 - carbono; 3 - oxigénio.

O perfil de distribuição do oxigénio, em contraste com o carbono (Fig. 3.8), é descrito por curvas com máximos, cuja posição depende do tipo de meio de processamento utilizado durante o processamento (Fig. 3.9). Aqui é necessário notar uma forte diferença na concentração de oxigénio na superfície e nas camadas próximas da superfície das amostras - 8-12 at. % quando o processamento é feito em composição de polímero e mais de 60-70 at. % quando o processamento é feito em atmosfera de ar.

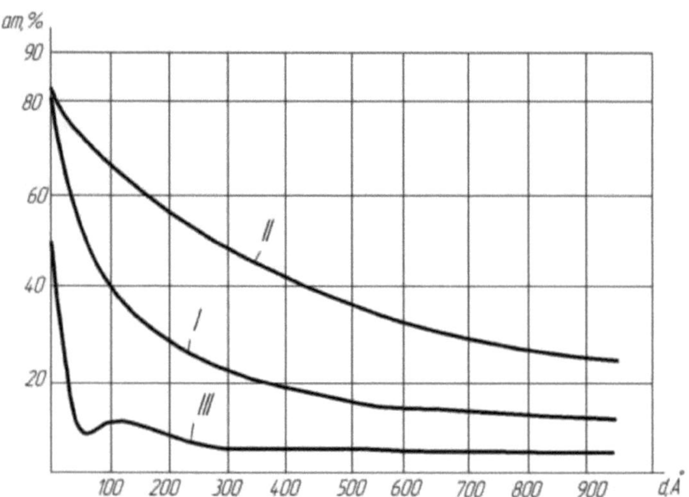

Fig. 3.8. Distribuição do carbono na camada superficial do aço 45 após faceamento em diferentes meios. 1 - tratamento em emulsão ET-2; 2 - tratamento em dispersão polimérica; 3 - tratamento ao ar

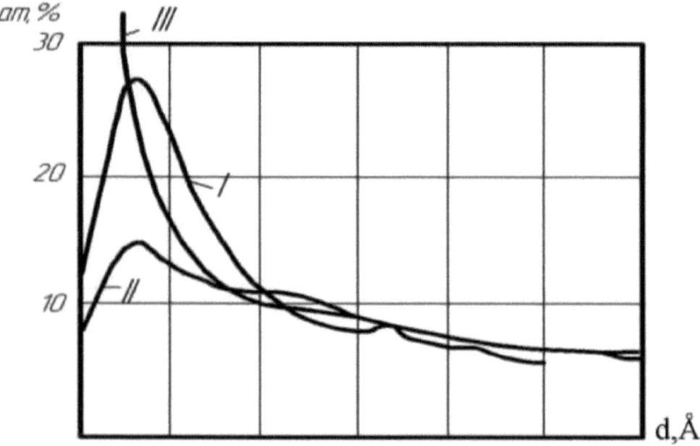

Fig. 3.9 Distribuição de oxigénio na camada superficial do aço 45 após torneamento: 1 - em emelsol ET-2; 2 - em SOTS contendo polímero; 3 - no ar.

Estudos demonstraram que, ao cortar Ti em água com aditivo de PVC, os átomos Cl e C, que fazem parte do látex de PVC, são adsorvidos na superfície. Ao maquinar em água, estes elementos estão ausentes na superfície do titânio. É de notar que ao tornear o Tì tanto em água como em água com PVC, os elementos químicos difundem-se profundamente no metal (Fig.3.10. e 3.11.). No entanto, no primeiro caso, a concentração no volume do material é muito menor do que no segundo. Por exemplo,

66

a uma profundidade de 150 nm, a concentração de oxigénio e carbono quando o Ti é tratado numa dispersão contendo polímeros é aproximadamente igual a 25-30 at. %, enquanto que quando é tratado em água é apenas 6-7 at. %. Esta diferença na concentração de elementos químicos em profundidade a partir da superfície é explicada pelo efeito catalítico do hidrogénio no processo de difusão.

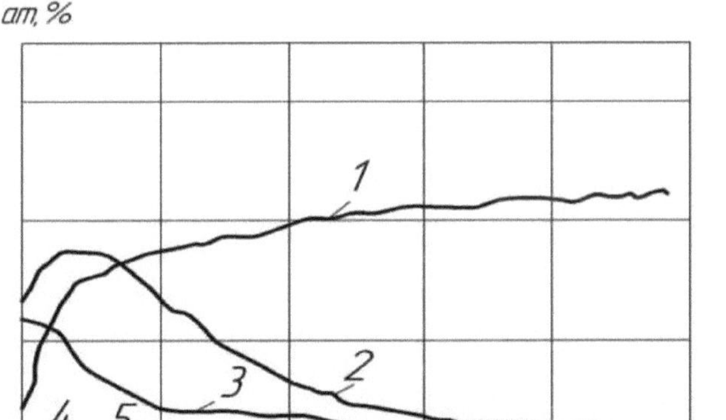

Fig. 3.10. Perfis de distribuição de elementos químicos na camada superficial de amostras de titânio tecnicamente puro após o torneamento final em água. 1 - titânio; 2 - oxigénio; 3 - carbono; 4 - enxofre; 5 - cloro.

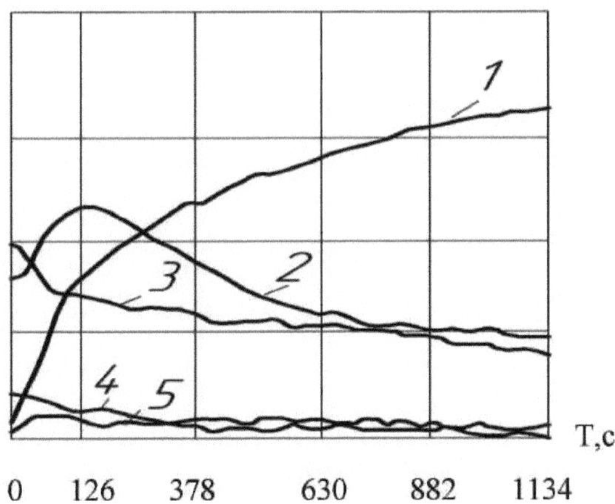

Fig. 3.11. Perfis de distribuição de elementos químicos na camada superficial de titânio tecnicamente

puro após faceamento em SOTS contendo polímero. 1 - titânio; 2 - oxigénio; 3 - carbono; 4 - enxofre; 5 - cloro.

A elevada concentração de carbono observada nas camadas próximas da superfície do aço e dos metais puros é provavelmente explicada pelo facto de, no ponto de contacto entre o material processado e as arestas de corte da ferramenta, ocorrerem forças de ligação intermoleculares, que são tão fortes como as ligações interatómicas. Isto resulta na transferência de um número apreciável de átomos [80-82], neste caso átomos de carbono, para a superfície formada após o contacto ser quebrado.

A análise das interacções superficiais da camada de corte com o hidrogénio (ionizado, atómico e molecular) pode ainda ser unida, segundo Rebinder, pelo termo geral de interacções de adsorção, e torna-se necessário identificar duas questões que requerem uma solução separada: em que medida o efeito da aplicação do polímero SOTS está relacionado, entre outras coisas, com as interacções na camada superficial da peça processada, e como caraterizar quantitativamente a influência do plasma de baixa temperatura constituído por uma mistura de diferentes actividades nestas interacções.

3.2 Adsorção de hidrogénio

3.2.1. Adsorção na superfície da peça de trabalho

No processo de formação da apara, interessar-nos-á a superfície da camada cortada da peça, na medida em que interfere com o processo de deformação, dificultando o movimento (nucleação e multiplicação) das deslocações. Devido à ação de longo alcance dos campos elásticos das deslocações, revela toda a camada próxima da superfície até uma profundidade pelo menos da ordem do tamanho médio dos segmentos de deslocação, ou mesmo visivelmente maior. Esta circunstância determina até que ponto a ductilidade acaba por ser uma propriedade de "superfície": precisamente na medida em que a camada próxima da superfície com a espessura especificada determina uma parte significativa da energia e da força necessárias para a formação da apara.

Na superfície dos metais tratados existem vários tipos de camadas adsorvidas: gás, humidade, moléculas polares e não polares de substâncias orgânicas. As camadas próximas da superfície do metal diferem na sua estrutura e propriedades do material de base. Existem zonas de material deformado, endurecido e desendurecido cobertas por camadas de óxido (Fig. 3.12). Dependendo do método de produção da peça de trabalho, da sua composição química e da composição do ambiente, ocorrem reacções químicas entre as camadas superficiais do metal e o ambiente.

De particular importância são as reacções de oxidação do aço, que levam à formação de incrustações na superfície do produto aquecido, e a descarbonetação do aço - a queima do carbono nas camadas superficiais.

As principais reacções de oxidação do lingote de aço são as seguintes

$$Fe + O \rightarrow FeO; \quad Fe + CO_2 \rightarrow FeO + CO; \quad Fe + H_2O \rightarrow FeO + H_2$$

Reacções básicas de descarbonização:

$$Fe\,y(C) + 2H_2 \rightarrow Fe\,y + CH_4; \quad Fe\,y(C) + O \rightarrow Fe\,y + CO;$$

Assim, o oxigénio, o dióxido de carbono e o vapor de água são meios oxidantes, o monóxido de carbono e o hidrogénio são meios redutores, o hidrogénio e o oxigénio são meios de descarbonatação, o metano e o monóxido de carbono são meios de carbonatação.

[3423]Normalmente, formam-se três camadas de óxido na superfície da peça metálica processada, à base de ferro: FeO, Fe 0 , Fe O . Numa atmosfera húmida, a superfície do ferro fica coberta de ferrugem. Neste caso, a água (humidade) não está apenas presente, mas participa na reação de acordo com o esquema: [22]Fe + O + H O → Fe (OH)$_3$

Com a formação de hidróxido.

O papel das películas de óxido na maquinagem de metais é duplo. Por um lado, as camadas limite (películas) nas superfícies de fricção da ferramenta de corte e do metal processado reduzem o atrito e o desgaste da ferramenta. A intensidade do desgaste oxidativo depende da espessura e da resistência da película. A sua estrutura, composição e propriedades protectoras dependem da temperatura, da pressão de contacto e do fator tempo. Por outro lado, o atrito da ferramenta com a peça de trabalho é acompanhado pela ativação das camadas superficiais do material processado, aumenta a sua capacidade de adsorção, difusão, reacções químicas, para passivar o material e reduzir o obstáculo à saída de deslocamentos na superfície, contribuindo assim para facilitar o fluxo de deformação plástica, ou seja, a remoção da camada cisalhada. Além disso, a deformação plástica ativa a superfície de atrito. Isto cria um estado eletrónico de não-equilíbrio, um estado ativado dos átomos da superfície, que favorece a formação de nós de adesão e o desenvolvimento do desgaste da ferramenta.

Se a superfície do material processado estiver isenta de películas de contorno e de várias impurezas, não provoca tensões na camada superficial que impeçam o movimento de deslocação, ou seja, o desenvolvimento de deformação plástica. Como resultado da diminuição da energia da deslocação à medida que se aproxima da sua superfície livre, a deslocação será cada vez mais fortemente atraída para a superfície até deixar o cristal; neste caso, forma-se um degrau com uma altura de uma distância interatómica na superfície.

Se a superfície do material tratado estiver coberta por uma fina camada impermeável, tal como uma película de óxido no aço, pode acontecer que as deslocações atraídas para a superfície não consigam sair do cristal (devido à dificuldade de deslizamento nesta camada); ocorre um endurecimento superficial notável.

Assim, a superfície interfere no processo de cisalhamento da camada de aparas, ou seja, no processo de deformação, uma vez que dificulta o movimento (e a nucleação e multiplicação) dos deslocamentos, e este fenómeno, devido à ação de longo alcance dos campos elásticos dos deslocamentos, revela toda a camada próxima da superfície a uma profundidade pelo menos da ordem do tamanho médio dos segmentos de deslocamentos ou mesmo visivelmente maior.

O estado da superfície metálica também tem uma grande influência na cinética de absorção do hidrogénio. As películas de óxido, em particular, dificultam a penetração do hidrogénio no metal. Por exemplo, a película de óxido sobre o alumínio impede, em geral, a absorção de hidrogénio da fase gasosa, mesmo a altas pressões e temperaturas. O recozimento em vácuo, eliminando a película de óxido, ativa fortemente a superfície do metal, contribuindo para a sua hidrogenação. A interação da camada metálica deformada e depois cisalhada com o hidrogénio é um processo complexo que envolve várias reacções de hidrogénio à superfície e no interior do metal, que é discutido em secções posteriores do livro.

Assim, o estado da superfície do metal maquinado desempenha um papel essencial no equilíbrio da energia gasta na formação de aparas. Por conseguinte, ao avaliar a eficácia de um refrigerante ou ao estudar o mecanismo da sua influência no processo de formação de aparas e no desgaste da ferramenta de corte, é necessário ter em conta o estado da superfície do material maquinado.

3.2.2. Adsorção na camada de cisalhamento

O enriquecimento da interface metal-gás pelo hidrogénio ionizado deve-se ao desequilíbrio das forças de interação entre os átomos que constituem o sólido, ou seja, à insaturação das ligações nos átomos situados à superfície.

A intensidade de adsorção de um elemento químico, ou seja, a intensidade da diminuição do nível de energia livre da superfície, é normalmente tanto maior quanto mais forte for a afinidade química entre o metal e o elemento em interação.

A alteração da energia livre da superfície do metal como resultado da adsorção de hidrogénio leva a uma diminuição do consumo de energia para a sua destruição, ou seja, contribui para facilitar o processo de corte do metal.

O calor de quimissorção do hidrogénio é consideravelmente mais elevado do que o da adsorção física de substâncias de baixo peso molecular incluídas nos SOTS convencionais e aproxima-se do calor das reacções químicas. Assim, o calor de adsorção física do hidrogénio no ferro é geralmente inferior a 10 kJ/mol e o calor de quimisorção do hidrogénio é geralmente 10 ou mais vezes superior. Neste contexto, no tratamento mecanoquímico do aço, o efeito de adsorção da deformação e da facilitação da fratura será muito maior do que no COTS sem compostos de elevado peso molecular na sua composição.

A análise dos resultados da pesquisa apresentados nos capítulos anteriores nos permite acreditar que o efeito do hidrogênio, que é formado na zona de corte como resultado de transformações pirolíticas do aditivo polimérico COTC, na condição da superfície do metal tratado consiste em duas etapas. Na primeira fase, ocorre a adsorção de hidrogénio ionizado na superfície do metal oxidado, como resultado da qual a superfície é limpa da película de óxido e fica livre de vários contaminantes.

É de notar que o hidrogénio molecular é um gás relativamente inerte devido à força da ligação H-H. Em contrapartida, o hidrogénio no estado ativo, o que se forma na zona de corte dos SOTS que contêm polímeros, caracteriza-se por uma elevada atividade. Em particular, tem elevadas propriedades redutoras. Assim, mesmo à temperatura normal, reduz muitos óxidos metálicos ao combinar-se com o oxigénio.

Além disso, na superfície limpa há uma transição do gás do estado fisicamente adsorvido para o estado quimicamente adsorvido. Além disso, esta transição ocorre não só para o hidrogénio ionizado, mas também para o hidrogénio atómico e mesmo para o hidrogénio molecular, que se encontra pré-dissociado na superfície limpa. O hidrogénio atómico resultante é parcialmente adsorvido pela superfície e passa para o interior do metal ao longo dos limites de grão e subgrão, dissolvendo-se também na rede cristalina do metal, formando uma solução sólida.

Além disso, o hidrogénio pode interagir quimicamente com as impurezas contidas no metal. Isto leva a uma alteração da solubilidade do hidrogénio na rede cristalina e à formação de novas fases. $_3$Por exemplo, ao interagir com o oxigénio, formam-se vapores de água $2H + O = H_2O$; com o carbono $4H + C = CH_4$, ou com o carbono nos carbonetos $4H + Fe\,C = 3Fe + CH_4$. Estes novos produtos gasosos são libertados, em regra, em não-continuidades, principalmente em fronteiras de grão e ao longo de planos de escorregamento e geminação [83-85].

Consequentemente, durante o processamento mecanoquímico do aço, o corte da camada superficial da peça de trabalho, ou seja, o processo de deformação, ocorre em condições em que o hidrogénio limpa a superfície da camada cortada (e a superfície da apara) de vários contaminantes, o que elimina o obstáculo para a deslocação sair para a superfície do metal processado.

Sabe-se [85,86] que a superfície livre não induz tensões que impeçam os deslocamentos de se moverem. Como resultado da redução de energia, os deslocamentos serão cada vez mais fortemente atraídos para a superfície à medida que se aproximam da superfície livre até deixarem o cristal; neste caso, forma-se na superfície um degrau com uma altura de uma distância interatómica.

Se a superfície estiver coberta por uma fina camada impermeável, tal como uma película de óxido no aço, pode acontecer que as deslocações atraídas para a superfície não consigam sair do cristal; existe um endurecimento visível da superfície e é necessária uma tensão de deformação cada vez mais elevada para "empurrar" essas deslocações através dos obstáculos.

Assim, na maquinação mecanoquímica, como resultado da interação do hidrogénio com a superfície da apara cortada, a deformação plástica começa com uma tensão mais baixa do que na maquinação sem efeito mecanoquímico. Consequentemente, já na primeira fase do processo de corte no meio polimérico, o consumo de energia e potência para a formação de aparas é reduzido em comparação com a maquinação com a utilização de refrigerantes à base de componentes de baixo peso molecular.

Ao interagir com diferentes reagentes, o hidrogénio comporta-se de forma diferente, participando em ligações covalentes, iónicas e metálicas, dependendo das condições[87]. Como consequência, o hidrogénio forma-se:

a) soluções verdadeiras por interação com o crómio, o ferro, o cobalto, a platina, o cobre, o molibdénio, o alumínio, etc., os hidretos de alguns destes metais só podem ser obtidos a título preparatório;

б) hidretos com titânio, zircónio, níquel, vanádio, etc.

Ao mesmo tempo, foi estabelecido que a cargas mecânicas elevadas, altas temperaturas e taxas de deformação em quase todos os metais podem formar zonas de misturas de soluções sólidas com compostos intermetálicos - hidretos, representando na maioria dos casos fases de composição química variável [88].

Por conseguinte, ao cortar aços ligados com vários elementos químicos, podem ocorrer hidretos nos mesmos. Localizam-se principalmente ao longo dos limites do grão, dos planos de deslizamento e de geminação.

O efeito de fragilização dos hidretos deve-se à fragilidade das próprias inclusões de hidretos (baixa resistência à rutura), bem como ao aparecimento de tensões de tração na matriz devido ao grande volume específico dos hidretos em comparação com o metal.

Por conseguinte, ao analisar os processos que ocorrem durante o corte de aço em *líquidos de arrefecimento* que contêm polímeros, é necessário ter em conta a possibilidade de *os elementos químicos de liga formarem hidretos com hidrogénio, a partir da superfície da peça de trabalho, causando fratura frágil.*

Capítulo IV

Difusão do hidrogénio no metal a tratar

4.1. Algumas características da difusão do hidrogénio

Os mecanismos de difusão dos átomos incorporados dependem significativamente da temperatura, e o mecanismo de difusão do hidrogénio difere significativamente dos de outras impurezas incorporadas [89-91]. Isto explica-se pelo facto de, após a ionização, os átomos de oxigénio e azoto terem tamanhos comparáveis aos dos entrenós, enquanto o hidrogénio se encontra na rede sob a forma de um quase-ião protão protegido pelo gás de electrões. Além disso, a baixas temperaturas, uma contribuição significativa para a difusão do hidrogénio é feita por transições de protões por tunelização de um entrenó para outro[92].

O hidrogénio nos metais tem uma mobilidade de difusão invulgarmente grande. Mesmo a temperaturas inferiores à temperatura ambiente, é suficientemente grande para se redistribuir em volumes comparáveis à dimensão dos microgrãos. [1135]Å temperatura ambiente, o coeficiente de difusão do hidrogénio na ferrite é 1010 - 10 vezes superior ao do carbono e do azoto, e 10 vezes superior aos valores típicos dos coeficientes de difusão dos elementos de substituição.

A temperaturas mais elevadas, os átomos de hidrogénio estão localizados num determinado entrenó ou perto dele e a difusão é realizada por saltos termicamente activados de átomos de um entrenó para outro. Um átomo pode saltar de uma posição de equilíbrio para outra por tunelamento ou como resultado da aquisição de energia adicional suficiente para ultrapassar a barreira potencial.

A temperaturas suficientemente elevadas, especialmente em metais o.c.c., os nitratos de hidrogénio saltam tão frequentemente de uma posição de equilíbrio para outra que o tempo médio entre dois saltos consecutivos se torna comparável ao tempo de permanência de um átomo de hidrogénio no internódio [92]. Em tais condições, não faz sentido distinguir entre o estado quiescente e o salto. Neste caso, a difusão do átomo de hidrogénio ocorre aproximadamente da mesma forma que num gás ou líquido denso.

Este mecanismo de difusão de átomos incorporados é designado por difusão líquida [92]. Naturalmente, não há limites claros de temperatura em que um ou outro mecanismo de difusão opera.

Tudo o que foi dito acima refere-se à difusão da impureza de introdução numa rede ideal.

O coeficiente de difusão que determina a velocidade deste processo é designado por coeficiente de difusão verdadeiro ou de rede. No entanto, num metal real, existem imperfeições cristalinas: fronteiras de grão e de fase, partículas de segunda fase, poros, que têm uma influência significativa nos processos de difusão. Esta influência pode ter um carácter duplo. Em primeiro lugar, os deslocamentos, os limites de grão e de fase. As partículas alongadas da segunda fase podem servir como caminhos de difusão preferencial devido a um coeficiente de difusão muito mais elevado em comparação com a estrutura do metal de base [93]. Em segundo lugar, vários tipos de imperfeições podem ser colectores ou armadilhas para a impureza introduzida, devido à localização energeticamente favorável da impureza nas próprias imperfeições ou na rede distorcida perto delas. Dependendo da energia de ligação da impureza à armadilha, as armadilhas dividem-se em armadilhas irreversíveis, das quais a impureza praticamente não é libertada, e armadilhas reversíveis, das quais a impureza é libertada a uma concentração suficientemente baixa na solução sólida circundante. A eficiência das armadilhas aumenta significativamente com a diminuição da temperatura.

O mecanismo de transporte de hidrogénio para a camada cisalhada da peça de trabalho não é, em princípio, diferente do mecanismo acima referido e é amplamente investigado por cientistas e engenheiros que trabalham no domínio da física molecular do estado sólido e da físico-química dos fenómenos de superfície.

Até há pouco tempo, com base nestas ideias, era difícil assumir a possibilidade de saturação por hidrogénio da camada de aço cisalhada quando a velocidade de corte é suficientemente elevada. No entanto, este livro apresenta resultados experimentais que mostram a presença de hidrogénio nas aparas.

Passemos agora à questão do mecanismo de transporte de hidrogénio para a camada de aço cisalhada formada na presença de SOTS contendo polímeros.

Sabe-se [94-98] que, sob deformações elásticas do aço, a sua permeabilidade ao hidrogénio aumenta proporcionalmente ao nível das tensões mecânicas e ao grau de deformação. Em condições experimentais de corte, quando a espessura da camada cisalhada é várias ordens de grandeza inferior à das amostras em que os estudos de permeabilidade ao hidrogénio são normalmente realizados, e a taxa de deformação (deformação plástica) é várias ordens de grandeza superior.

A transição dos átomos de hidrogénio para o volume metálico exige a superação de uma elevada barreira de ativação e a própria transição é endotérmica [98-100]. Por outras palavras, o processo de penetração do hidrogénio no interior do ferro ou do aço só se processa com velocidade apreciável a temperaturas suficientemente elevadas do metal e a concentrações (pressões) elevadas de hidrogénio [99]. A temperatura da apara no momento da sua separação da peça de trabalho não ultrapassa normalmente os 600-700°C. A estas temperaturas, a taxa de difusão do hidrogénio no ferro, bem como a pressão parcial do hidrogénio perto da superfície, são demasiado baixas para que este penetre suficientemente fundo nas camadas metálicas próximas da superfície.

^{2}De facto, a profundidade caraterística de penetração do hidrogénio R pode ser aproximada pela fórmula R = D1, em que D é o coeficiente de difusão, t = 1\V , V é a velocidade de corte, 1 e t são, respetivamente, a dimensão caraterística da área de contacto real entre a ferramenta de corte e o material processado e o tempo de contacto durante o qual ocorre a deformação plástica. $^{-2}$Normalmente, 1 = 1mm e V = 0,1 m/s, o que corresponde a um tempo de contacto da ordem dos 10 segundos. $^{-13-92}$O coeficiente de difusão do hidrogénio no ferro à temperatura ambiente, de acordo com diferentes medições, varia entre 2 - 10 e 9 - 10 m /s [101]. $^{-3}$Assim, mesmo de acordo com uma estimativa muito exagerada, a profundidade de penetração do hidrogénio não pode exceder 10 cm. Uma vez que o hidrogénio penetra profundamente no metal, nas condições acima referidas, a profundidades da ordem dos mm, resta assumir que a elevada taxa de transferência de hidrogénio para a camada de metal cisalhada pode ser devida a: 1) um "aquecimento" instantâneo muito forte dos graus de liberdade na rede cristalina, que são os mais responsáveis pela transferência de hidrogénio e 2) a deformação plástica da camada cisalhada causou uma aceleração significativa da difusão, especialmente a tensões elevadas, o que pode ser explicado pela maior penetração de hidrogénio através de algumas áreas e

De facto, os dados da literatura mostram que a penetração do hidrogénio no metal ocorre ao longo dos limites dos grãos e ao longo do corpo dos grãos, e a taxa de penetração através de metais mono e policristalinos é a mesma [102104]. O hidrogénio nos metais concentra-se predominantemente ao longo dos limites dos grãos [103]. Neste aspeto, o comportamento do hidrogénio não difere do de outras impurezas nos metais.

Como resultado da difusão do hidrogénio na camada de metal deformada e cisalhada, pode ser:

1)   nos inter-nós da rede cristalina, formando uma solução sólida de introdução com o metal;

2)   nos limites de grão, fissuras;

3)   sob a forma de compostos químicos com impurezas;

4)   sob a forma de compostos químicos com o metal solvente, os hidretos.

Num policristal, os grãos individuais estão separados por fronteiras. Uma das propriedades mais importantes da fronteira é a sua capacidade de inibir o processo de deslizamento em grãos individuais. A presença de desorientação espacial dos planos de deslizamento em diferentes lados da fronteira impede deslocamentos

para o atravessar. Com o aumento da tensão aplicada ao policristal, o deslizamento começará nos grãos com sistemas de deslizamento favoravelmente orientados. No entanto, as fronteiras desses grãos bloquearão esse deslizamento. O impedimento do deslizamento nas fronteiras levará a uma concentração de tensões perto da fronteira do grão, o que ajuda fortemente a tensão externa a conduzir os sistemas de deslizamento menos favoravelmente orientados.

O conceito de fronteira de grão como uma fina camada amorfa ajuda a explicar muitos efeitos de fronteira de grão. Na combinação crítica de alta temperatura e baixa tensão, pode ocorrer o deslizamento e a fratura da fronteira de grão. As fronteiras de grão são locais privilegiados para a acumulação de átomos de impurezas e nelas se formam mais frequentemente núcleos de segunda fase em ligas bifásicas. Isto é, sem dúvida, uma consequência da forte desordem na fronteira de grão, que a transforma num dreno para átomos dissolvidos (impurezas), uma vez que quando um átomo atinge a fronteira, as distorções da rede causadas por ele são removidas.

A desordem na fronteira faz com que seja uma rota favorecida para a difusão de átomos dissolvidos e hidrogénio. Sendo um sumidouro de átomos dissolvidos, a fronteira e as suas regiões adjacentes podem diferir em composição química do resto do grão. Assim, as fronteiras em policristais representam obstáculos muito eficazes ao deslizamento de deslocações, ou seja, ao fluxo de deformação plástica.

Os fluxos difusionais de hidrogénio atómico ao longo das fronteiras de grão levam à interação com átomos de outras fases da liga ou com impurezas (oxigénio, azoto, carbono, crómio, etc.) aí acumuladas, "expondo" as superfícies cristalinas ao longo das fronteiras de grão, removendo obstáculos ao movimento de deslocação, ou seja, facilitando o processo energético de deformação plástica.

4.2. Penetração de hidrogénio no aço no processo de deformação plástica

Um dos processos atualmente pouco estudados é a transferência de hidrogénio para as camadas superficiais dos metais durante a sua deformação plástica em meios contendo hidrogénio. No estudo de tais processos, a penetração do hidrogénio no metal é, na maioria das vezes, registada diretamente pelo conteúdo de hidretos metálicos nas camadas superficiais ou indiretamente pela emissão de gases da amostra durante o seu aquecimento.

O âmbito de aplicação do primeiro destes métodos está limitado apenas a metais capazes de formar compostos estáveis com o hidrogénio, como o titânio [105], o níquel [106], etc. O segundo método determina geralmente o teor total de hidrogénio na amostra e não a sua distribuição em profundidade ou características energéticas [107].

Estes estudos para o ferro são de particular interesse do ponto de vista aplicado, uma vez que a hidrogenação dos aços durante a maquinagem afecta significativamente as suas propriedades físicas e mecânicas e os parâmetros de corte. No entanto, foram publicados muito poucos trabalhos dedicados a este problema, aparentemente devido às consideráveis dificuldades experimentais que surgem no estudo do ferro devido à sua elevada atividade química.

O livro apresenta os resultados do estudo da penetração do hidrogénio no ferro e no aço de baixo carbono em alguns tipos de deformação plástica em meios que contêm hidrogénio - hidrocarbonetos, água e outros.

Para detetar o hidrogénio, foi aplicado o método de aquecimento programado por temperatura (TPH) de uma amostra colocada num volume evacuado com registo simultâneo por espetrometria de massa do hidrogénio libertado (ver, por exemplo, o método de dessorção programada por temperatura) [73]. As curvas experimentais obtidas neste processo representam as dependências do sinal do espetrómetro de massa a uma dada massa (proporcional, no nosso caso, à taxa de libertação de hidrogénio ou deutério) em relação à temperatura da amostra, que, em regra, subiu a uma taxa de 0,5 K/seg.

Normalmente, a curva (espetro TPN) tem um ou mais picos em forma de sino com máximos correspondentes à temperatura de cedência de hidrogénio de um determinado "tipo". A posição dos máximos na curva, bem como a forma dos picos, reflectem um processo complexo que ocorre em condições de aumento linear da temperatura, cujos principais componentes são a difusão de átomos de hidrogénio no metal, a sua fuga e recombinação na superfície com a libertação de hidrogénio molecular. Obviamente, a distribuição do hidrogénio na profundidade da amostra antes do início do aumento de temperatura afecta a forma e a posição dos picos.

Neste trabalho foram estudados dois tipos de deformação plástica observados na compressão e no corte, respetivamente. Os objectos de estudo foram o ferro armco e o aço 20.

4.3. Difusão de hidrogénio na compressão

[2]O facto da penetração do hidrogénio no interior do metal foi estabelecido na experiência com a compressão do ferro armco no meio D 0. Uma amostra de forma cúbica (1=3mm) foi colocada entre superfícies planas paralelas dentro de uma gota $D_{2}0$. Após a aplicação de uma carga de 20 toneladas, o provete foi comprimido até uma espessura de 0,5 mm. Uma camada de 30 µm de espessura foi então lixada de ambos os lados da amostra para remover os compostos deuterados da superfície. A utilização de água marcada foi necessária para excluir o registo de hidrogénio "estranho" presente na amostra original ou introduzido na sua superfície em resultado da adsorção de humidade atmosférica durante a trituração. No espetro TPN da amostra deformada após remoção da camada superficial, foi detectado um pico de emissão de deutério com um máximo a cerca de 540K (Fig. 4.1), o que prova a sua penetração no ferro.

4.4. Difusão de hidrogénio no metal maquinado durante o processo de corte

A maioria dos dados foi obtida em experiências com corte (perfuração), que é conhecido por ser acompanhado por uma plasticidade significativa

por deformação do material a maquinar, e a alta velocidade. Foram perfuradas amostras de aço 20 e de ferro fundido. Parâmetros de corte: RPM - 450 rpm, velocidade de avanço - 5 mm/min, broca - aço P8M5. A perfuração foi efectuada nos seguintes meios: $H_{2}0$, ar atmosférico $D_{2}0$, azoto seco, heptano, óleo de vaselina, etanol, misturas de etanol-água, óleo de vaselina-água e emulsões de polietileno-água. Além disso, foi perfurada uma amostra de aço pré-saturado com hidrogénio por método eletrolítico. Nas experiências de perfuração, o objeto do TPN foram as aparas, e foi sempre utilizado o mesmo peso de aparas (50 mg). [0]Todas as experiências de perfuração foram efectuadas com amostras de aço e ferro pré-cozidas a 700 K durante 10 horas. Isto deve-se ao facto de o hidrogénio metalúrgico residual poder estar presente nas amostras iniciais de metal. [0-6]Assim, foi detectado hidrogénio residual em barras de aço 45, por nós utilizadas como biletes iniciais, sendo que o pico máximo no espetro de TPH do aço não recozido se situava a 500 K, e a intensidade do pico correspondia à concentração habitual de hidrogénio metalúrgico (1-5)·10 .

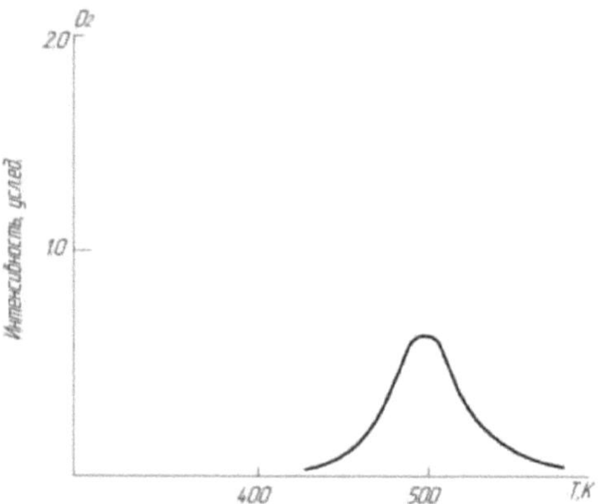

Fig. 4.1. Dependência do sinal do espetrómetro de massa com a temperatura da amostra durante a deformação plástica.

A Tabela 4.1. mostra os resultados da determinação da posição dos máximos (Tmax.) nas curvas TPN, bem como os tempos de permanência(1) das amostras de aparas desde o início da perfuração (aço 20) até ao momento da medição do espetro TPN à temperatura ambiente para a perfuração em diferentes meios.

Tabela 4.1.

№	Quarta-feira	T(hora)	T° máx (K)
1	Ar	0.5	480
2	Azoto seco	0.5	-
3	H2O	0.5	425
4	H2O	2	445
5	H2O	23	493
6	H2O	300	-
7	H2O	1.0	490
8	D2O	0.5	425

9	$_2$D 0 (fração grosseira)	7	480
10	$_2$D 0 (fração fina)	7	490
11	$_2$D 0 (fração grosseira)	50	505
12	$_2$D 0 (fração fina)	50	505
13	eletrólise	0.5	475
14	eletrólise	29	480
15	etanol	0.5	480
16	etanol + água	0.5	443
17	n-heptano	0.5	455,505
18	vaselina	0.5	455,505
19	ácido oleico	0.5	500
20	vaselina + água	0.5	425,480

Nota: 0,5 horas é o tempo mínimo necessário para preparar a experiência para medir o espetro de TPN.

A Fig. 4.2 mostra em comparação os espectros TPN das aparas obtidas por perfuração em água, medidos respetivamente após 0,5, 2, 23 e 300 horas (curvas 1, 2, 3, 4, respetivamente) após a perfuração. O pico no espetro TPN das aparas recentemente preparadas é observado à temperatura mais baixa e tem a intensidade integrada mais elevada. O valor da intensidade indica que, durante a perfuração em água, uma quantidade total de hidrogénio $(1-10)\cdot10^{-6}$, ou seja, comparável ao teor de hidrogénio metalúrgico, penetra nas aparas.

medida que o tempo de exposição das pastilhas ao espetro aumenta, o pico desloca-se para a região de alta temperatura com uma queda simultânea de intensidade. Com tempos de exposição suficientemente longos (vários dias), a intensidade cai para zero. No caso de se aumentar a temperatura de retenção das cossetes antes de se obter o espetro TPN, o processo de redistribuição do hidrogénio é acelerado e o pico desloca-se para a região de alta temperatura num período de tempo mais curto.

₂A fim de excluir a possibilidade de manifestação de hidrogénio "estranho" no espetro do TPN, foram também efectuadas experiências com perfuração em D O. Os resultados são absolutamente idênticos aos do H O (Tab. 4.1.). ₂Os seus resultados são absolutamente idênticos aos do H O (Tab. 4.1.).

Para determinar a possível dispersão na posição dos máximos na curva TPA devido à não reprodutibilidade do tamanho das aparas de uma experiência para outra, as aparas foram fraccionadas por tamanho em peneiras (0,3 mm) com a subsequente aquisição de espectros TPA. Dos resultados apresentados na tabela, conclui-se que a dimensão das partículas obtida nas experiências de perfuração praticamente não afecta a posição dos picos nos espectros de TPA das aparas envelhecidas durante 7 e 50 horas.

₂Para avaliar a profundidade de penetração do hidrogénio na peça de trabalho após a primeira passagem da broca em D O, o furo foi feito no ar com uma broca de maior diâmetro. Quando o diâmetro da broca da segunda passagem foi aumentado em 1 mm, o espetro TPN da peça de trabalho mostrou um pico D com uma intensidade de 10% do inicial, o que indica qualitativamente a profundidade de penetração do deutério no metal da ordem de um milímetro.

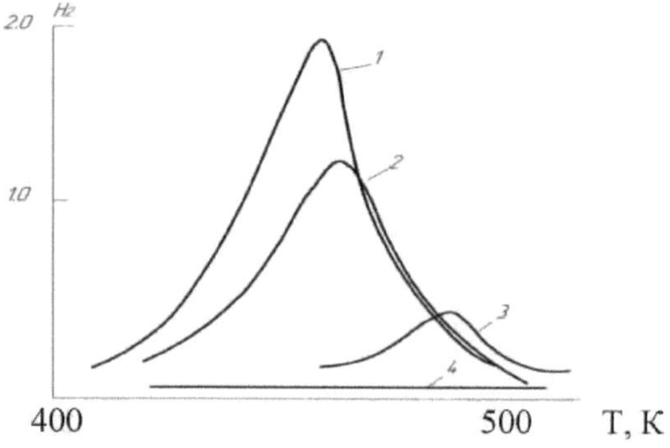

Fig.4.2 Dependência do sinal do espetrómetro de massa com a temperatura da amostra após perfuração em H20. 1 - tempo de exposição - 0,5 horas; 2 - 2,0 horas; 3 - 23,0 horas; 4 - 300 horas.

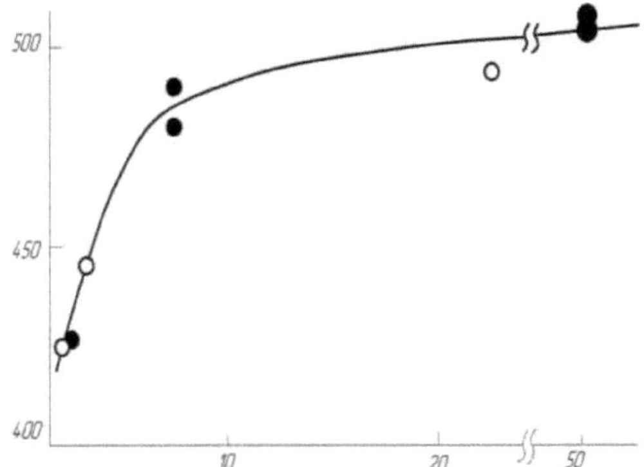

Fig. 4.3 Dependência da temperatura correspondente ao rendimento máximo de hidrogénio da amostra com o tempo de aquecimento após a perfuração: $_{22}$- D 0; O - N 0.

Os dados relativos à posição do máximo na curva TPN para as aparas obtidas em água em função do tempo da sua cura preliminar são convenientemente apresentados sob a forma de gráfico (Fig. 4.3). A figura mostra que a dependência é assintótica, com a temperatura máxima a atingir o seu limite em tempos de cura de cerca de 6 horas.

Estes resultados podem ser facilmente interpretados se assumirmos que, tal como nas experiências anteriores com compressão, a deformação plástica do metal durante o corte é acompanhada pelo transporte de hidrogénio para a camada superficial. De facto, ao penetrar durante o processo de corte no interior da pastilha, o hidrogénio concentra-se principalmente perto da superfície. Quando a pastilha é mantida à temperatura ambiente, o hidrogénio nela contido é gradualmente redistribuído: por difusão da camada superficial para o material, o que leva a uma equalização da concentração ao longo da profundidade, e por transporte de hidrogénio para a superfície com subsequente recombinação e formação de compostos superficiais contendo hidrogénio molecular e remoção para a fase gasosa.

A redistribuição do hidrogénio, no interior do metal, com a simultânea diminuição do seu conteúdo total na amostra, apenas conduz ao deslocamento a alta temperatura do pico observado no espetro da TPN e a uma queda na intensidade integral à medida que as pastilhas são envelhecidas antes da TPN.

A fim de validar a interpretação proposta, foi realizada uma experiência de perfuração em aço pré-hidrogenado electroliticamente.

[24]A eletrólise foi efectuada numa solução a 0,1% de H SO com uma densidade de corrente de 300 mA/cm durante 2 horas. Para excluir a entrada de hidrogénio "estranho", a perfuração foi efectuada em condições secas (azoto), tendo a porção de aparas obtida a 1-2 mm da camada superficial sido separada e não utilizada.

Os dados obtidos foram comparados com os resultados da perfuração das amostras em água com a adição (1%) de pó fino de polietileno.

Os resultados são apresentados na Figura 4.4 e na Tabela 4.1.

A medição foi efectuada após 0,5 horas (curva - 1 e 29 horas (curva 2).

Em primeiro lugar, verifica-se que a saturação electrolítica conduz ao "bombeamento" de quantidades significativamente maiores de hidrogénio para a amostra. O teor de hidrogénio na mesma quantidade de aparas ao perfurar em água a amostra recozida e ao perfurar em azoto seco a amostra hidrogenada electroliticamente correlaciona-se aproximadamente como 1/5. [2]Além disso, a posição do pico máximo na experiência de eletrólise corresponde à posição do pico máximo para as limalhas obtidas por perfuração em H O e envelhecidas durante pelo menos 10 horas antes da aquisição do espetro.

[2]Isto é exatamente o que se esperava, uma vez que durante a exposição preliminar das pastilhas obtidas por perfuração em H O durante várias horas, o hidrogénio é redistribuído mais uniformemente pelo seu volume, penetrando em camadas mais profundas, o que leva ao desvio do pico a alta temperatura. Nas pastilhas obtidas por perfuração da amostra hidrogenada electroliticamente, o hidrogénio distribui-se mais uniformemente pelo volume desde o início.

Resultados semelhantes (Fig.4.5 curva 3) foram obtidos quando se perfurou em água com adição de polietileno, o que é uma evidência indireta da difusão dos produtos de termomecanodegradação do polímero (hidrogénio) para o volume do metal.

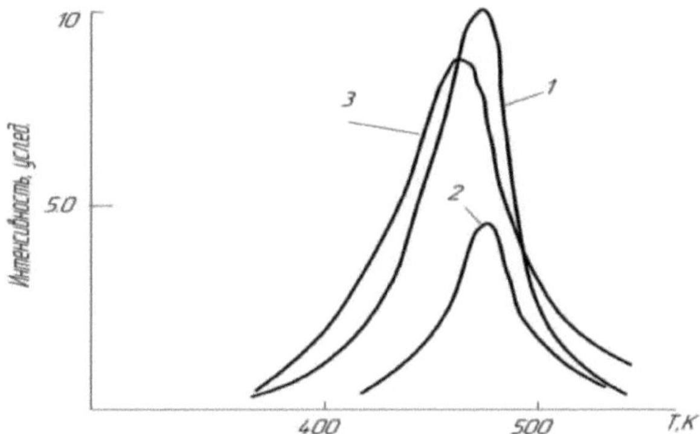

Fig. 4.4. Dependência do sinal do espetrómetro de massa com a temperatura da amostra após perfuração no ar 1,2 - amostras hidrogenadas electroliticamente, 3 - amostras revestidas com polietileno.

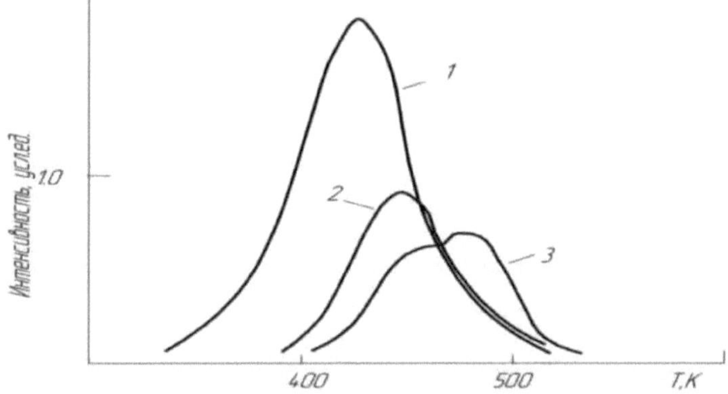

Fig. 4.5. Dependência do sinal do espetrómetro de massa com a temperatura da amostra após a perfuração: 1 - em água; 2 - em etanol; 3 - água + etanol na proporção 1:1

Passemos agora à questão do mecanismo de transporte do hidrogénio. Em termos gerais, pode ser representado da seguinte forma. No decurso da deformação plástica, tanto na compressão como no corte, forma-se continuamente uma superfície metálica quimicamente pura (juvenil), com a qual reagem as moléculas do meio. Sabe-se que a reação de moléculas contendo hidrogénio como a água, hidrocarbonetos limitantes e insaturados, álcoois e cetonas com o ferro puro é acompanhada pela sua desidrogenação e pelo aparecimento de átomos de hidrogénio quimicamente ligados a ele na superfície [103,109]. Sabe-se também que a transição dos átomos de hidrogénio para o volume requer a superação de uma elevada barreira de ativação - e a própria transição é endotérmica. Por outras palavras, o processo de penetração do hidrogénio no interior do ferro só se processa com taxas apreciáveis a temperaturas suficientemente elevadas do metal e a concentrações (pressões) significativas de hidrogénio. A temperatura da apara no momento da sua separação da peça de trabalho não excede normalmente os 600 - 700C. A estas temperaturas, a taxa de difusão do hidrogénio no ferro, bem como a pressão parcial do hidrogénio perto da superfície, são demasiado baixas para que este penetre suficientemente fundo nas camadas metálicas próximas da superfície.

O espetro de TPN das aparas obtidas por perfuração em etanol após 0,5 h de imersão é apresentado na Fig. 4.5. Pode observar-se que a posição do pico máximo é significativamente deslocada para a região de alta temperatura (curva 3) em comparação com o valor correspondente para a água (curva 1). Quanto às intensidades dos picos no caso do álcool e da água, embora sejam geralmente da mesma ordem, a intensidade é sempre ligeiramente inferior no caso do álcool. A mesma figura mostra a curva TPN para a perfuração numa solução 1:1 de etanol-água (curva 2) e, para comparação, o espetro TPN para a perfuração em água. Pode ver-se que o pico máximo para a perfuração em solução se encontra numa posição intermédia. Olhando para o futuro, notamos que a perfuração em meios orgânicos, como mostra a experiência, conduz sempre a uma deslocação do máximo a alta temperatura em comparação com a água. Este facto pode ser explicado da seguinte forma.

Ao perfurar em água, o chip arrefece significativamente mais rápido do que no caso de outros solventes, devido às propriedades termofísicas especiais da água. Assim, no caso dos meios orgânicos, o chip é aquecido durante mais tempo e, durante esse tempo, o hidrogénio tem tempo para se distribuir mais uniformemente pelo seu volume do que no caso da água. Esta explicação é apoiada pelo facto de que, ao perfurar no ar (contendo vapor de água), o pico surge a uma temperatura mais elevada do que ao perfurar na água (ver quadro). Embora em ambos os casos a substância que contém hidrogénio (fonte de hidrogénio) seja a água, as pastilhas arrefecem mais tempo no ar do que na água e, por conseguinte, o hidrogénio tem tempo para se difundir profundamente na amostra. As misturas água-álcool têm propriedades termofísicas intermédias, o que leva à posição intermédia do máximo na curva TPN.

A Fig. 4.6. mostra o espetro de TPN das aparas obtidas por perfuração em heptano (curva 1), óleo de vaselina (curva 2) e ácido oleico (curva 3). Após uma imersão de 0,5 horas, os espectros das duas primeiras substâncias são quase idênticos. Apresentam dois máximos (ou um máximo e um ombro). O máximo a alta temperatura é em todos os casos mais intenso e refere-se muito provavelmente à difusão do hidrogénio nas camadas superficiais durante o processo de corte. Esta conclusão é ainda apoiada pelo facto de o máximo correspondente para o ácido oleico se situar à mesma temperatura. Quanto ao ombro a baixa temperatura, a sua origem não é muito clara. É possível que esteja relacionado com a dessorção de hidrogénio dos compostos de superfície, mas esta explicação necessita de uma verificação mais aprofundada. Tal como no caso do álcool, a deslocação do máximo para a região de alta temperatura explica-se pelas piores condições de transferência de calor do chip para o meio no caso dos hidrocarbonetos, em comparação com a água.

Esta experiência foi causada pelo aumento acentuado observado na prática da eficiência dos lubrificantes de arrefecimento quando se utilizam emulsões aquosas ou suspensões de polímeros, em particular o polietileno [105].

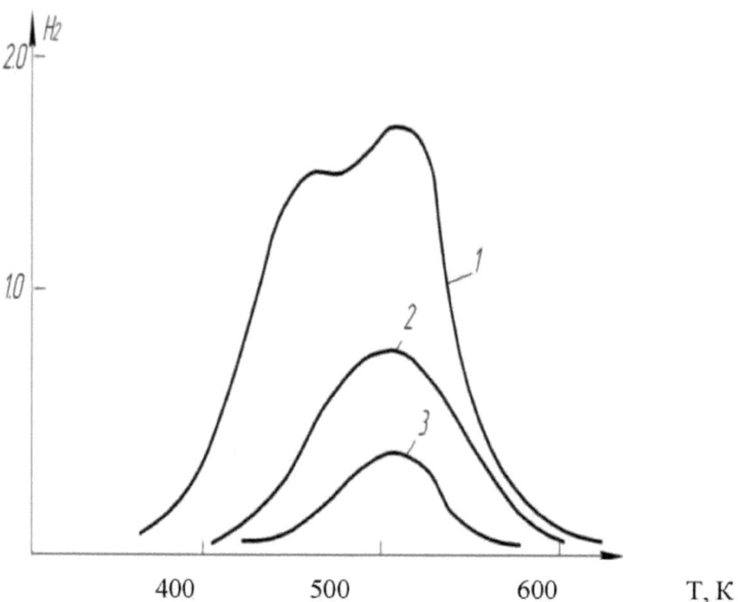

Fig. 4.6. Dependência do sinal do espetrómetro de massa com a temperatura da amostra após a perfuração: 1 - H-tentano; 2 - óleo de vaselina; 3 - ácido oleico.

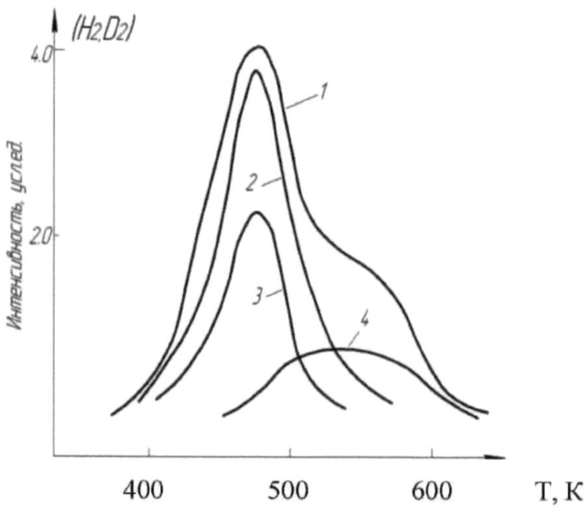

Figura 4.7. 22Dependência do sinal do espetrómetro de massa com a temperatura da amostra após a perfuração: 1 - H2/BM + H2O; 2 - D/BM + D O; 3 - H2/H2O; 4 - H2/BM + D $_2$ O.

A Fig. 4.7 mostra as curvas TPN das aparas obtidas por perfuração em emulsões de óleo de vaselina em H2O e D2O. 22O espetro das pastilhas obtidas por perfuração em água é igualmente apresentado para comparação (o espetrómetro de massa foi ajustado para registar tanto H como D). A figura mostra, em primeiro lugar, que dos dois picos observados no espetro da emulsão, o de baixa temperatura refere-se ao hidrogénio absorvido pelo metal a partir da água, enquanto o de alta temperatura se refere ao hidrogénio proveniente de substâncias orgânicas. 222.Isto é evidenciado pelo facto de que, ao perfurar a emulsão de óleo de vaselina em D O, o pico de alta temperatura é representado principalmente por H , e o pico de baixa temperatura por D A presença de dois picos no espetro ao mesmo tempo indica que o material da pastilha inclui aditivamente regiões de dois tipos. O primeiro tipo de região resulta do corte em meio aquoso e o segundo tipo de região em hidrocarboneto. Em segundo lugar, a figura demonstra que quando um emulsionante é adicionado à água, o pico correspondente ao hidrogénio da água aumenta drasticamente. Por outras palavras, a emulsão favorece a penetração de mais hidrogénio proveniente da água. É possível que este facto esteja diretamente relacionado com a maior eficácia das emulsões como fluidos lubrificantes e refrigerantes.

Assim, as investigações realizadas provam que a elevada eficiência dos SOTS à base de polímeros está principalmente relacionada com a formação de hidrogénio na forma ativa na zona de tratamento mecânico, o que facilita o processo de deformação plástica do metal.

A elevada taxa de penetração do hidrogénio na zona de pré-destruição do metal pode estar relacionada com a elevada concentração de protões de hidrogénio adsorvidos na superfície do metal, o que é confirmado pela seguinte estimativa.

Um gás pode ser adsorvido numa superfície metálica com uma ou duas moléculas de espessura. [-8]Tal deve-se ao facto de, como refere Langmuir, a área de ação das forças de superfície responsáveis pelo fenómeno de adsorção ser da ordem dos 10 cm. Isto significa que a região de ação das forças de superfície é geralmente mais pequena do que o diâmetro da maioria das moléculas de gás. Por conseguinte, no caso de uma verdadeira adsorção, a espessura da camada adsorvida não pode ser superior a uma molécula, pois logo que se forma uma camada de uma molécula de espessura na superfície, as forças de superfície ficam quimicamente saturadas. Dado que o diâmetro de um protão de hidrogénio adsorvido na superfície é de cerca de 10^{-5}Å, segue-se que podem aparecer cerca de 100 mil camadas de um protão de hidrogénio na área de ação das forças de superfície, ou seja, neste caso o fator de concentração influenciará a taxa dos processos de difusão.

Capítulo V

Difusão de carbono na lâmina da ferramenta de corte

A durabilidade de uma ferramenta de corte depende significativamente das propriedades da sua camada superficial: dureza, tendência e adesão, mobilidade de difusão dos elementos químicos, composição das fases e microestrutura. Estas propriedades alteram-se durante o funcionamento, sob a influência da temperatura e dos factores de força, em resultado da interação com o material a maquinar. A análise electronográfica e microespectral de raios-X da camada superficial do aço rápido, realizada após a operação da ferramenta, mostrou que elementos como o crómio, o tungsténio e o cobalto se difundem a partir do material da fresa. O carbono, que tem um elevado coeficiente de difusão, difunde-se eficazmente. O ferro[110] difunde-se ativamente a partir do material a maquinar. A influência da difusão na durabilidade pode manifestar-se não só na transferência direta de massa, mas também de outras formas, por exemplo, através do enfraquecimento da matriz da ferramenta devido à migração por difusão de elementos químicos endurecedores: carbono, tungsténio, crómio e outros. Isto leva à intensificação de outros processos, em particular, processos de adesão observados microscopicamente sob a forma de desprendimento de grãos individuais e blocos de material da ferramenta.

A alteração da composição dos fluidos de refrigeração pode levar à saturação por difusão da camada superficial da ferramenta de corte, com um aumento local da temperatura na superfície, causando a intensificação do processo [111]. Os refrigerantes convencionais provocam a oxidação da superfície. A modificação da composição do meio de processo por compostos químicos apropriados: solução aquosa de amoníaco, compostos de radão, camadas de fosfato e outros - pode levar à saturação por difusão com azoto, carbono, formação na camada superficial de fosfato, sulfato e outras películas de fosfatos, sulfatos e outros compostos e fases que reduzem o atrito e contribuem para o aumento da durabilidade da ferramenta de corte.

Os meios que contêm componentes poliméricos são promissores em termos de proporcionar uma elevada durabilidade das ferramentas de corte. A elevada durabilidade das ferramentas neste tipo de meios tecnológicos parece ser causada por algumas características introduzidas pelos polímeros nos processos físicos e químicos que ocorrem nas superfícies de contacto durante a maquinagem [73].

A peculiaridade do mecanismo de ação activadora dos polímeros a temperaturas elevadas existente na zona de deformação e fratura durante o corte é a possível intensificação dos processos de difusão dos produtos atómicos activos da degradação do polímero (C, H, N e outros elementos químicos) nas camadas superficiais do material processado e na aresta de corte da ferramenta sob a ação do hidrogénio [80].

Neste contexto, é de interesse estudar a camada superficial da ferramenta após o trabalho em meio tecnológico polimérico, a fim de determinar a influência deste último no processo de saturação das arestas de corte da ferramenta com carbono. O polietileno foi utilizado como aditivo polimérico para o SOTS, que na destruição térmica dá apenas elementos activos de hidrogénio e carbono. Por conseguinte, o aumento da resistência ao desgaste da ferramenta de corte deve estar associado não só à redução dos custos de energia e de potência do processo de maquinagem, mas também, possivelmente, à difusão do carbono na aresta de corte.

Foram investigadas brocas de aço P6M5 após o corte em diferentes fluidos de arrefecimento. O método de comparação de radiografias de raios X da amostra de saída e após maquinagem num determinado meio foi utilizado para estudar alterações estruturais na sua camada superficial, a possibilidade de formação de novas fases, como resultado da interação da superfície da aresta de corte da ferramenta com moléculas do meio, que se forma na zona de corte devido à destruição térmica do componente polimérico do SOTS.

33O padrão de difração de raios X da estrutura inicial das brocas que foram trabalhadas em COTS sem polímero (Fig.5.1) tem linhas características de α- e β-ferro e carboneto de Fe W C.

33As linhas de difração de raios X Fe W C e as linhas de austenite residual *(j)* aparecem com o aumento dos modos de corte e do tempo de funcionamento da broca. A presença de linhas de austenite residual permite-nos concluir sobre a difusão do carbono na aresta de corte da ferramenta.

Aparentemente, a temperatura elevada na zona de corte não só ativa a difusão do carbono, como também afecta positivamente o curso das reacções químicas com a formação de uma nova modificação do a-ferro (martensite), que tem uma estrutura tetragonal centrada no volume. A difusão significativa de carbono na lâmina da ferramenta e as alterações na sua estrutura são também evidenciadas pelos resultados da análise microestrutural. Utilizando a dependência entre as linhas duplas e a relação c/a da rede tetragonal, foi determinada a quantidade de carbono na martensite. Por exemplo, utilizando os dados da Fig. 5.12, a quantidade de carbono na martensite foi calculada quando a broca foi operada durante 150 horas no COTS sem polímero, 2 minutos após a operação no COTS com polímero.

Se no primeiro caso o teor de carbono na lâmina da ferramenta era de 0,85%, a quantidade de carbono durante 2 minutos do seu funcionamento aumentou 2 vezes quando se trabalha em SOTS com polímero.

Assim, durante o funcionamento da ferramenta, forma-se na sua lâmina uma nova modificação do ferro α - a martensite - que se caracteriza por uma grande resistência ao desgaste.

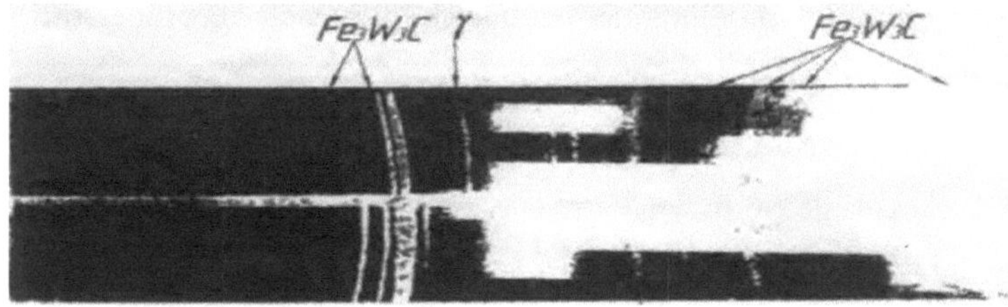

Fig. 5.1. Radiografias da broca P6M5 após trabalhar com líquido de arrefecimento sem polímero (1) e com polímero adicionado (2) (1)

A avaliação qualitativa da atividade de difusão dos produtos de termodestruição do componente polimérico do MRC foi realizada pelo método de modelação física [97], sendo observada a semelhança dos seguintes parâmetros: a temperatura de aquecimento da amostra corresponde às temperaturas máximas do processo de corte; a composição química do banho em que as amostras são aquecidas é idêntica à composição do meio tecnológico aplicado; as amostras são feitas de ferramentas e materiais de maquinagem adequados; o tempo de permanência das amostras é provisoriamente assumido como sendo igual à temperatura da amostra. As amostras são imersas numa onda com meio tecnológico e aquecidas por corrente eléctrica, sendo a temperatura de aquecimento controlada por um termopar ligado à amostra. Após a produção de lâminas de amostras, é avaliado o efeito de difusão principal deste meio tecnológico.

As brocas de 4 mm de diâmetro feitas de material P6M5 foram investigadas na composição do modelo: 5% de solução de polietileno em óleo industrial MS-20. As amostras foram aquecidas a temperaturas de 650°C, 750°C, 850°C durante 20, 40 e 60 segundos.

As dependências apresentadas nas Fig.5.2, 5.3 e na Tabela 5.1 indicam que, mesmo com um tempo insignificante de contacto com o meio modelo à temperatura de trabalho, há uma difusão de carbono na amostra, que é realizada a uma taxa mais elevada.

Dos resultados da investigação apresentados, chama a atenção a elevada taxa de saturação de carbono da ferramenta. Aparentemente, isto pode ser atribuído ao facto de a presença de hidrogénio nos produtos de degradação influenciar o processo de saturação da ferramenta com carbono, proporcionando uma redução significativa na duração do processo [112]. Normalmente, isto é explicado pelo aumento da mobilidade difusiva do carbono na camada de Nernst e na "dupla camada eléctrica" sob a influência do hidrogénio, o que aumenta a mobilidade difusiva do carbono na camada próxima da superfície da ferramenta [112].

Tabela 5.1.

Profundidade da camada de difusão e taxa de saturação de carbono calculada da amostra

№	Temperatura de processamento, °C	Tempo de processamento,	Profundidade da camada, mm	Taxa de saturação,

		seg.		mm/min.
1		20	0,040	0,120
	850	40	0,065	0,097
		60	0,080	0,085
2	950	3	0,025	0,500

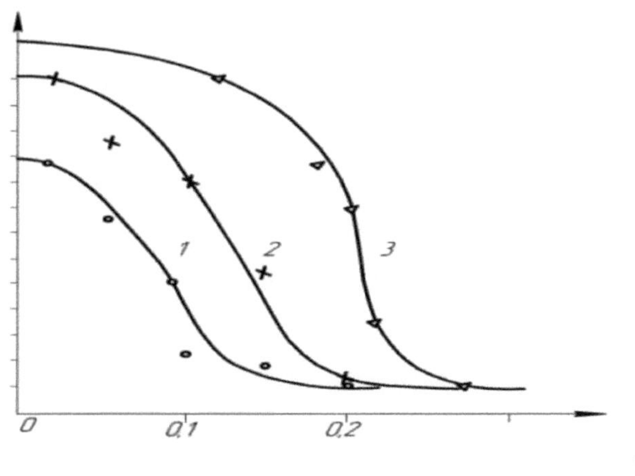

Fig. 5.3 Distribuição da microdureza (Hμ) ao longo da profundidade do espécime a uma temperatura de tratamento de 850-C e duração de 20 (1); 40 (2) e 60 (3) segundos, para uma concentração de 5% de polietileno em óleo industrial.

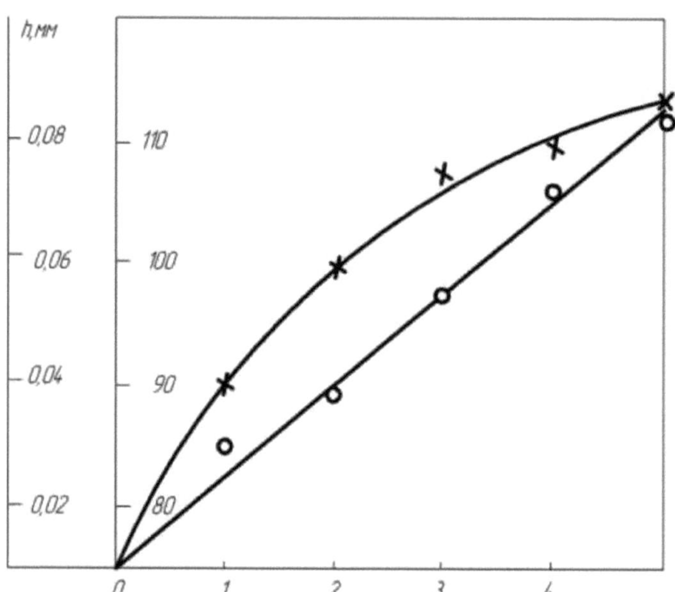

Fig. 5.4. Dependência da profundidade da camada de saturação h (1) e da microdureza na superfície da ferramenta Nm (2) da concentração de polietileno (C) em SOTS a 850°C e tempo de espera 20 seg.

A experiência de utilização de meios contendo polímeros em empresas de construção de máquinas mostrou que, durante o funcionamento, se acumula uma camada de carbono na superfície da aresta de corte da ferramenta. Os estudos de difração de raios X mostraram que esta camada é carbono amortizado, que é utilizado como lubrificante em unidades de fricção que funcionam com cargas de contacto elevadas. Por conseguinte, a elevada resistência ao desgaste das ferramentas de corte que funcionam em SOTS contendo polímeros deve estar associada não só à redução dos gastos de energia e de força para o processo de deformação plástica do metal, à formação de uma fase de carboneto duro na lâmina da ferramenta, mas também ao aparecimento de uma camada de carbono amorfo, que é um bom lubrificante que separa as superfícies de fricção.

Assim, foi estabelecida a difusão do carbono, um produto da pirólise do componente polimérico do COTS, na aresta de corte da ferramenta. A profundidade e a velocidade de saturação do carbono foram estimadas. Foi demonstrado que uma redução significativa da duração do processo se deve à influência do hidrogénio.

Foi também estabelecido que o aumento da resistência ao desgaste das ferramentas de corte quando se trabalha com SOTS contendo polímeros resulta não só da facilitação do processo de deformação e destruição do material na frente da lâmina da ferramenta, mas também da difusão do carbono na aresta de corte da ferramenta e da formação de uma nova modificação do ferro α - martensite.

Literatura

1. P.E.Bertach Rubb. Mundo. - №3, 1961- p. 73

2. Reacções químicas de polímeros. Coll. - M.: Mir, 1967. - vol. 2 - p. 535

3. M. Lethor. Investigação do mecanismo de algumas reacções em cadeia // Cinética química e reacções em cadeia. - Moscovo: Nauka, 1965 - p.265.

4. P.Le Geoff, M.J. Le Tort // Chem, Phys. - 1954, №3 - 27 p.

5. N.Grassia, H.W.Melville // Pros.Roy.Soc. - 1949. - A 129, No.1 - p.14

6. N.Grassia, H.W.Melville // Chem.Abatz. - 1950, - № 44, p.71

7. A.I.Soshko, V.A.Soshko. Meios tecnológicos de lubrificação e arrefecimento no processamento mecânico de metais. - Kherson: Oldi-Plus - 2008, parte 1, II. p.388

8. V.I.Likhtman, E.D.Shchukin, P.A.Rebinder. Mecânica físico-química dos metais. Izd. da Academia de Ciências da URSS, 1962, p.217.

9. G.V.Karpenko, R.I.Kripiakevich. Influência do hidrogénio na estrutura e propriedades dos aços. M.: Metallurgizdat, 1962. p.198.

10. П. Cottrell. Fragilização por hidrogénio de metais. Moscovo: Metallurgizdat, 1963, p. 117

11. B.A. Kalachev. Fragilização por hidrogénio de metais não ferrosos. Moscovo: Metallurgizdat, 1966, p. 256.

12. L.S.Moroz, B.B.Chechulin. Fragilização por hidrogénio dos metais. M.: Metallurgy, 1967, p. 256.

13. Y.M.Potak. Fracturas frágeis do aço. Moscovo: Oborongiz, 1955, p.389

14. A.K.Litvin, V.I.Tkachev, // FCHMM, Vol. 12, No. 2, 1976, p. 23

15. G.V.Karpenko, A.K.Litvin, A.I.Soshko, : FCHMM, No. 4, - 1973, p. 37

16. G.V.Karpenko, V.I.Tkachev, : DAN USSR, 1974, - 214, - No.1, - p.317

17. A.I.Soshko, V.A.Soshko, // Vestnik of Engine Building, - Zaporozhye, - Izd. Mashinostroenie, - № 3, 2004, p.77

18. K.R. Kapp. Uspekhi física dos metais. M.- Metallurgizdat, vol.2, - 1958, p.177

19. C.J.Smithells Gases e Metal, Chapnan a.Hall, L., 1937, - p.217

20. V.I.Mikheeva, Hidretos de metais de transição, Izd-vosto AS USSR, - 1968, p.277

21. A.E.Vol. Estrutura e propriedades de sistemas metálicos duplos. - M.: Fizmatizdat,

22. L.I.Sokolskaya. Gases em metais leves, - M.: Metallurgizdat, - 1959, - com. 97

23. A.Dyakonov, A.Samarin. Izv. ANSSR, - OTN, - n° 9, 1945, p. 813

24. R.A.Andrievsky, Y.S.Umansky. Phases of Implementation, M.: Nauka, - 1977, - p. 240

25. R.A.Andrievskiy, V.P.Yanchur, // FHOM, : 1975, No.3, - p.154

26. V.P.Yanchur, R.A.Andrievskiy, // FHOM, : 1973, No.1, - p.124

27. B.M. Trepnell. Chemisorption. Moscovo: Izd. Il.- 1958, - p.328.

28. E. Fromm, E. Gebhardt. Gases e carbono nos metais: por. de alemão, M.: Metalurgia - 1980, p. 711

29. K. Smitells. Gases e Metais, M.: Metallurgizdat, - 1940, p. 228

30. G.C.Bond. Catalysis by Metals.   New York: Academie Press, -1962, - p.519

31. O.V.Krylov, V.D.Kiselev // Adsorção e catálise em metais de transição e óxidos. M.: Khimiya, - 1981. - c.288

32. Hidrogénio nos metais. vol.1.   Propriedades básicas / Editado por G.Alefeld: M.: Mir, - 1981.- pp. 475

33. S.Z.Bokshtein. Estrutura e estrutura das ligas metálicas. M.: Metalurgia. - 1971 - c. 496

34. G.V. Karpenko, A.K. Litvin, V.I. Tkachev, A.I. Soshko, FCHMM, 1973. №4, c.76-84

35. P.A. Rebinder, Mecânica físico-química, "Znanie", 1958. p.280

36. P.A. Rebinder, E.D. Shchukin, UFN, 1972, No.1.p.35-42

37. G.V. Karpenko, Vpllyv vodnyu na mekhashchshih vlast steel Vid. AN URSR, 1960. p.485.

38. G.V. Karpenko, Strength of Steel in Corrosive Environment, Mashgiz, 1963. pp. 396.

39. Retch, Phil. Mg., 1956, No.1, p.331 -335.

40. A. Tetelmen, Sb. "Destruição de corpos sólidos", "Metalurgia" 1967. - c.217

41. Д. Horiuchi, T. Toya, Sb. "Propriedades da superfície dos sólidos", Mir, 1972. pp. 334-397.

42. A. Gowthmy, R. Cunningham, Coll. "Catalysis. Investigação da superfície dos catalisadores", IL, 1960.

43. C. Ponets, Coll. "Problemas de cinética e catálise". IL. 1970. c.77-133

44. H. Otami, Zh-l "Tetsu po Haganz", 1974, pp.60-78, n.º 1 (Tradução n.º Ts-352333, Centro de Tradução da União Europeia, M. 1973).

45. V.I. Likhtman, E.D. Shchukin, P.A. Rebinder, Mecânica físico-química dos metais. Izd. da Academia de Ciências da URSS, 1962.

46. Y.V. Goryunov, N.V. Pertsov, B.D. Summ, The Rebinder Effect, "Nauka", 1966. p.376

47. E.D. Shchukin, Sb. "Sensibilidade das propriedades mecânicas à ação do meio", "Mir", 1969.p.221-305

48. G. Sandos, Metallurgical Transaction, 1972, pp.33-38, No.5 (Tradução Ts-8964, Centro de Tradução da União Europeia, M., 1973).

49. I.Brown, W.M.Baldwin, J. Metals, 1954, n.º 6, pp.298-321

50. V.I. Tkachev, A.K. Litvin, V.A. Tetersky. A.I. Soshko, Problems of Strength, 1972, n.º 12.

51. Б. Trepnell, Chemisorption, IL, 1958.p.257

52. N.S. Rogers, Asa Metalúrgica, 1956, p.44-60. №2.

53. I. Galland, R. Azou, R. Bastien. C.R. Asad. Sc, Paris, 1969, 268, pp. 27 - 32.

54. S.I. Mikitishin, I.I. Vasilenko, Coll. "Influência dos meios de trabalho nas propriedades dos materiais", vol. 3, "naukova dumka". 1964.

55. V.A. Teterskii, A.I. Soshko, A.N. Tynnyi, G.V. Karpenko, Coll. "Influência dos meios de trabalho nas propriedades dos materiais", vol. 3, "Naukova Dumka", 1964.

56. M.M. Shved, N.Y. Yaremchenko, V.S. Fedchenko, FCHMM, 1970, n.º 3.

57. G.V. Karpenko. I.I. Vasilenko. M.G. Khitarishvili. V.S. Fedchenko. DAN SSSR, 1969, 185. NO. 5.

58. G.G. Napsosk, HHJohnson, Trans. AlME, 1966, 236, no. 4.

59. O.N. Romaniv, Y.V. Zima, G.N. Nikiforchin, N.L. Kuklyak, FCHMM, 1975, n.º 2.

60. M.M. Shved, N.Y. Yaremchenko, FCHMM, Vol. 9, No. 3, 1973.

61. A.S.Ietelman, Robertson, A1ME, 1962, 224, p.775.

62. G. SNAii^, L. Mogeai, Arch. Metallkunde, 1948, 9, p.308.

63. Besnard, Annales de Chimie, 1961, 6, (3\4), p.245-283.

64. G.V. Karpenko, V.I. Tkachev. A.K. Litvin, DAN URSS, 1974, 214, n.º 1.

65. V.I. Tkachev. Influência dos meios de trabalho FHMM, 1971, n.º 3.

66. Direito de autor n.º 338562.

67. A.B. Kuslitsky. Propriedades dos metais. FHMM, 1966, NO. 3.

68. I.P. Pistun. Ambientes de trabalho. FHMM, 1973, N.º 6.

69. Y.M. Potak. Aços de alta resistência, "Metallurgy", 1972.p.340

70. O.N. Romaniv, N.L. Kuklyak. Meios de trabalho e corte de metais. FHMM, 1968, NO.2.

71. L.A. Plavich, N.P. Zhuk. M.L. Bernstein. Fricção em peças de máquinas. FCHMM, 1970, NO. 3.

72. G.V. Karpenko, V.I. Tkachev. A.K. Litvin, "Theses of Reports of the VI All-Union Conference on Physico-Chemical Mechanics of Materials", 1974, pp.80-82.

73. A.I. Soshko, V.A. Soshko Lubricating and cooling technological means, 4.II, Kherson - 2008, - com. 388

74. A.A. Silin et al, DAN USSR, 1971,200, n.º 1.

75. D.N. Garkunov, I.V. Kragelsky, A.A. Polyakov, Transferência selectiva em nós de fricção, "Transport", 1969. p. p. 380

76. N.N.Zorev. Questões de mecânica do processo de corte de metais. - M.: Mashgiz,1956,p.277.

77. Meios tecnológicos de lubrificação e de arrefecimento para o corte de metais / Editado por S.G.Entelis, E.M.Berliner, - M.:Mashinostroenie, 1986-352 p.

78. L.V.Khudobin, E.G.Berdichevsky. Técnica de aplicação do líquido de refrigeração na metalurgia. - M.: Mashchinostroenie, 1977. - 189 c.

79. A.K.Maskaev, I.L.Brovin, K.N.Kabilinsky. Áreas de aplicação de meios tecnológicos no processamento de corte de metais - Kiev: Mashinostroenie, 1980 - 232 p.

80. Ya.I.Shkarapata, V.A.Soshko, V.G.Kriegel. Composição química da superfície metálica após tratamento mecânico // FCHMM. - 1990. - №4 - c.86-89

81. E.A.Stanchuk, A.I.Soshko. Aumento da durabilidade das ferramentas de corte através da saturação por difusão durante o funcionamento // Proc. do Instituto de Construção Naval de Nikolaev. Instituto de Construção Naval de Nikolaev. - 1981. - Vyp. 174 - 68 c.

82. Y.I.Shulga, I.V.Kumpanenko , S.T.Entelis. Distribuição de elementos perto da aresta de corte de uma broca // Surface. Física. Química. Mecânica. - 1982 - №3. - 135 c.

83. Gubanov A.K. Resistência dos metais. FTT, 1964, vol.6, pp.1023-1073.

84. Bailey I.E.Electron Microscopy, v.9, Academy Press, L., 1962.

85. Stein D.L., Low I.R., Appl. Phys., 31, 362, 1960

86. Yong F.W., I.Appl.Phys., 32, 1815, 1962.

87. V.I. Mikheev, Hidretos de metais de transição, M., ANSSR, 1960, p. 217.

88. K.R. Kapp. Uspekhi física dos metais. Vol. II, Metallurgizdat, 1958, p. 177.

89. R.A. Andrievsky. Ya.S. Umansky, Phases of Implementation. Moscovo: Nauka, 1977. 240 c.

90. P.V. Geld, R.A. Ryabov. Hidrogénio em metais e ligas. M.: Metallurgy, 1974. 272

91. S.Z. Buckstein. Diffusion and structure of metals. M.: Metallurgy, 1973, 206 p.

92. Hidrogénio nos metais. Propriedades básicas / Editado por G. Alefeld e I. Felkl. M.: Mir, 1981, 475 p.

93. B.S. Bockstein. Difusão em metais. M.: Metalurgia. 1978, 248 c.

94. F.de Kazinczy. Jernkontorest annaler, 1955, p. 885

95. V.I. Tkachev. R.I. Kripyachev, A.K. Litvin. Fricção e desgaste. FCHMM, 1966, NO. 3

96. H.H.Grimes, Ata metallurgica, 1959, 7, no. 12, 872

97. Y.N. Archakov. Y.I. Zvezdin, FCHMM. 1969, №5

98. M.A.Morris, M.Bowker, D.A.King, Chem. Kinetica, 1984, v.119

99. R.I. Kripiakevich, B.F. Kochmar, V.M. Sidorenko. Hidrogénio em metais. FCHMM, 1970, n.º 5, p.95.

100. P.A. Mohr. Catálise e inibição de reacções químicas. M., "Mir". 1966. c. 257

101. Hidrogénio nos metais. Propriedades básicas / Editado por G. Alefeld e I. Felkl. M.:Mir, ed. 2. 1992, 499 c.

102. H.H.Schumann Metallurgie und Gissereitechnik, 1933, B 4, S. 123

103. C.I.Smithells, Proc. Roy. Soc. London, A, 1935, v. 152, NA 877, p. 706

104. A.S.Tetelman, W.D.Robertson trans. AIME, 1962, v.224, No.4, p.775

105. A.I.Soshko. Polymers in technological processes of metal working. - Kiev. - 1977, c. 115.

106. M.M.Shved, I.S.Slabkovsky, V.S.Senyushko - FCHMM: - N.º 3, 1970 - p. 112

107. B.A.Shmelev. Métodos de determinação e pesquisa do estado dos gases nos metais. - M.: - 1968. - c. 48

108. M.A.Morris, M.Bowkes. - Química. Kinetics. - 1984. - v. 19

109. P. Ashmar. Catalisadores de inibição de reacções químicas. - M.: Mir, - 1966 - p. 75

110. Contribuição de V.C.Venkatesh Furthor para o estudo da lagarta branca em ferramentas HSS. "Ann.CJRP" , - 1968, - № 2, p.15

111. E.A.Stanchuk. Processamento de materiais resistentes ao calor para a construção de turbinas de navios. Coleção: "Shipbuilding and Marine Structures", vol. 10, Kharkov: - 1968, p. 119.

112. V.M.Zinchenko, V.V.Kuznetsov. A uma pergunta sobre o papel do hidrogénio no tratamento térmico químico. - M.: Ciência do metal e tratamento térmico de metais. - №2, - 1983. - c.59

yes
I want morebooks!

Buy your books fast and straightforward online - at one of world's fastest growing online book stores! Environmentally sound due to Print-on-Demand technologies.

Buy your books online at
www.morebooks.shop

Compre os seus livros mais rápido e diretamente na internet, em uma das livrarias on-line com o maior crescimento no mundo! Produção que protege o meio ambiente através das tecnologias de impressão sob demanda.

Compre os seus livros on-line em
www.morebooks.shop

info@omniscriptum.com
www.omniscriptum.com

Printed by Books on Demand GmbH, Norderstedt / Germany